CULTURE DES PLANTES

Coulommiers. — Typogr. A. MOUSSIN.

CULTURE

DES

PLANTES

PAR

VICTOR RENDU

Inspecteur général de l'agriculture.

OUVRAGE DONT L'INTRODUCTION DANS LES ÉCOLES
EST AUTORISÉE PAR LE MINISTRE DE L'INSTRUCTION PUBLIQUE.

TROISIÈME ÉDITION

PARIS

LIBRAIRIE HACHETTE ET Cie

79, BOULEVARD SAINT-GERMAIN, 79

1875

PRÉFACE

L'étude et la culture du sol conduisent naturellement à la culture des plantes, comme celle-
ci aboutit, de son côté, à l'étude du bétail dont
nulle exploitation rurale ne peut se passer.
Laissant à l'horticulture le soin minutieux des
plantes les plus délicates auxquelles on ne con-
sacre jamais qu'une surface très-restreinte, l'a-
griculture s'occupe exclusivement des végétaux
cultivés sur une grande échelle, et dont les produits sont indispensables aux besoins de l'homme
ou du bétail. Les divers procédés que réclament

les plantes agricoles, les lois qui les régissent pour leur production économique, en d'autres termes, leur rotation et leur assolement, sont l'objet spécial de ce traité.

Paris, avril 1866.

CULTURE

DES PLANTES

PRINCIPES GÉNÉRAUX

1. Semis. — 2. Transplantation. — 3. Soins généraux pendant la végétation. — 4. Traitement et conservation des produits.

Toute plante provient d'une graine ou d'un bourgeon qui, placé dans des conditions déterminées, naît, croît, se développe, fructifie et reproduit le végétal dont il est issu.

La semence, mise en terre, a besoin d'obscurité, de chaleur et d'humidité pour germer. La germination opérée, la plante enfonce ses racines dans le sol ; sa tige, au contraire, s'élance hors de terre, cherche l'air et la lumière, se couvre de feuilles à l'aide desquelles elle s'empare des principes fertilisants de l'atmosphère ; plus tard, les organes reproducteurs paraissent, l'acte de la fécondation végétale communique la vie aux ovules renfermés dans l'ovaire ; ceux-ci se développent sous l'influence de l'humidité, de la chaleur et des engrais ; la graine se perfectionne de plus en plus ; vient enfin le terme de sa maturité : le végétal est alors en état de continuer son espèce par sa propre semence ; il transmet à ses descendants, dans la suite des générations, tout ou partie de ses défauts ou de ses qualités.

En général, c'est sous la forme de graines que le cultivateur met en terre les plantes qu'il veut multiplier. Le plus souvent celles-ci occupent, pendant toute la durée de leur végétation, la place où elles ont commencé à germer ; quelquefois cependant, elles ne croissent que pendant un certain temps au lieu où elles ont levé et, à une certaine période de leur premier développement, on les enlève pour les transplanter ailleurs dans une terre fraîchement préparée : elles achèvent là leur existence.

Toute espèce de plante, semée à demeure ou transplantée, exige, pour sa réussite, l'accomplissement de certaines conditions générales qui servent, en quelque sorte, d'introduction à la culture spéciale des plantes; elles se rapportent aux semis, à la transplantation, aux soins à donner aux plantes pendant leur végétation, au traitement et à la conservation de la récolte : la connaissance et l'observation de ces conditions sont de la plus grande importance pour le cultivateur.

1. SEMIS.

Les règles générales relatives aux semis concernent le choix de la semence, la durée de sa faculté germinative, la quantité de semence qu'il faut employer, sa préparation, l'époque des semailles, la profondeur à laquelle il faut l'enterrer et les différentes manières de répandre la semence.

a. Choix de la semence.

Le choix de la semence réclame toute l'attention du cultivateur.

Il est d'expérience qu'aucune graine n'est apte à produire une plante saine et vigoureuse, si elle ne provient elle-même d'une plante robuste, si elle n'est arrivée à une complète maturité, et si elle ne possède pas la faculté de germer.

Toutes circonstances de sol, de climat, d'engrais et de culture réservées, la graine la plus parfaite est celle qui donne les plus belles récoltes; une semence imparfaite ou altérée peut être encore susceptible de germer et donner naissance à des plantes dont le premier développement s'effectue sans difficulté; mais, à moins d'un sol et d'une température privilégiés et de soins assidus, ces plantes ont une prédisposition maladive, elles faiblissent surtout au moment de leur floraison, la fécondation chez elles s'opère mal, et, par suite, elles donnent peu ou point de graines.

La bonne qualité d'une graine se reconnaît à

sa grosseur, à son poids, à son état normal et à l'absence d'odeur. Sa grosseur et son poids prouvent qu'elle est issue d'une plante vigoureuse; son état normal dénote qu'elle est saine; l'absence d'odeur est le meilleur indice qu'elle a été bien conservée, c'est-à-dire qu'elle n'a point subi de fermentation, qu'elle n'est point *échauffée*.

Ces caractères sont autant de signes probables que la graine possède la faculté de germer; ils ne suffisent pas cependant pour certifier sa vitalité, on ne peut s'en assurer qu'en la soumettant à l'influence de la chaleur et de l'humidité. Le procédé suivant peut être employé. On prend une soucoupe à demi pleine d'eau, on y fait tremper du coton sur lequel on répand un nombre déterminé de graines recouvertes d'un morceau de drap, on place le tout dans une pièce dont la température soit élevée : au bout d'un certain temps, les graines germent; on apprécie la qualité de la semence par le nombre des graines qui ont germé. Le semis sur couches de jardin fait aussi connaître très-promptement la qualité de la semence.

b. Durée de la faculté germinative des graines.

Toutes les graines ne jouissent pas, pendant le même laps de temps, de la faculté de germer.

Quelques-unes la perdent promptement, d'autres la conservent très-longtemps. L'âge, la chaleur, l'humidité, et surtout la fermentation, enlèvent aux graines leur faculté germinative.

A part quelques exceptions, une semence nouvelle est préférable à une vieille semence.

c. Changement de semences.

Le sol et le climat exercent une véritable influence sur la qualité de la semence, et l'expérience prouve que, même avec des soins, on ne prévient pas toujours l'abâtardissement de la graine; dans ce cas, il y a un avantage réel à renouveler, de temps en temps, la semence en la tirant des localités où elle est l'objet de soins particuliers, et où elle acquiert le plus de perfection. Mais il s'en faut que le changement de semences, bon en soi et quelquefois nécessaire, soit toujours indispensable. Loin de là; dans la plupart des circonstances, lorsque le sol et le climat ne sont pas contraires, on peut, avec une bonne culture, se dispenser de tirer la semence du dehors; il faut seulement avoir soin de la prendre dans les pièces où les plantes sont vigoureuses, de récolter quand la maturité est parfaite et d'attendre une dessiccation complète pour rentrer. En tirant la semence de son exploitation, le cultivateur a l'avantage de bien connaître l'espèce qu'il veut multiplier, et d'avoir une graine tout acclimatée, conditions importantes que ne remplissent pas toujours des variétés précieuses empruntées à des pays privilégiés.

Au surplus, si l'on était aussi difficile vis-à-vis de sa propre semence qu'on se montre exigeant à l'égard de la graine tirée du dehors, en d'autres termes, si l'on choisissait dans sa récolte la semence la plus belle, la mieux nourrie et la plus nette, nul doute que le changement de semence ne deviendrait pas une obligation; on n'y aurait recours que dans des cas tout à fait

exceptionnels, et cette sage précaution, au lieu d'être une routine, ne mériterait que des éloges.

d. Quantité de semence à employer.

La quantité de semence à employer sur une étendue donnée de terrain n'est pas chose indifférente. Pour que les plantes qui en proviendront donnent le plus haut produit possible, il faut qu'elles couvrent toute la surface du sol et qu'elles y occupent chacune l'espace dont elles ont besoin pour se développer complétement, sans se nuire les unes aux autres.

On détermine cet espace nécessaire en ayant égard à la nature du sol, à sa préparation, à son état de fertilité à l'époque des semailles. Il faut, en outre, tenir compte de la qualité de la graine, du mode de semailles, de la nature de la plante cultivée, des façons dont elle est l'objet pendant sa végétation, et du temps qu'elle exige pour arriver à maturité.

Mieux le sol a été préparé, mieux sa surface est ameublie, et plus il se trouve en bon état d'engrais, plus les plantes croîtront avec vigueur, plus il leur faudra d'espace pour se développer, moins il faut de semence.

Au contraire, si l'on a affaire à un terrain pauvre ou mal préparé, moins les plantes prendront de développement, plus on devra semer épais pour obtenir une quantité déterminée de produits.

Il faut d'autant moins de semence, que la graine est de meilleure qualité.

Mieux la plante est appropriée au sol et au climat, mieux elle prospérera, moins il faut de semence.

Plus la semaille est faite de bonne heure et par une température favorable, moins il faut de semence; il faut semer d'autant plus épais, qu'on sème plus tard et dans des conditions plus défavorables. Comme conséquence de ce principe, les semailles d'hiver peuvent être moins épaisses que celles de printemps.

Plus le sol est net de mauvaises herbes, plus il favorise le développement et la vigueur des plantes, moins il faut de semence.

Plus la répartition de la semence est uniforme, mieux chaque grain occupe la place qui lui convient, moins la semaille peut être épaisse : **voilà** pourquoi on doit semer plus dru à la volée qu'au semoir.

En général, dans chaque localité, on connaît assez bien, par l'expérience, la quantité moyenne de semence qu'il convient d'employer pour telle ou telle nature de terrain ; mais souvent **aussi** on suit plutôt l'instinct d'une habitude routinière ; qu'on ne se guide par la réflexion, et on ne fait pas assez attention à l'état du **sol** et à sa fertilité, conditions essentielles, cependant, pour décider s'il faut semer plus ou moins épais.

e. Préparation de la semence.

On comprend sous ce nom l'opération par laquelle on plonge dans une dissolution certaines semences pour les préserver des maladies spéciales auxquelles elles sont exposées ; telles sont, entre autres, les préparations qu'on fait subir à la semence du blé dans le but de la soustraire à la carie.

Il ne faut pas confondre avec cette opération l'usage de faire tremper la semence dans de

l'eau ou du purin pour hâter sa germination.
La graine humectée jouit, en effet, de la propriété de lever plus tôt; mais ce procédé n'est
pas sans danger. Il réussit lorsqu'il vient à
pleuvoir peu de temps après la semaille; or,
dans ce cas, la pluie le rend superflu. Le temps,
au contraire, est-il sec? une germination pro-
voquée peut être fatale à la plante : le réveil de
la graine se trouve arrêté dans un sol privé de
fraîcheur, le germe souffre et même sèche sur
pied si la sécheresse se prolonge; on est alors
obligé de recourir à de nouvelles semailles.
Enfin, la semence humectée, n'admettant pas
de retard pour être déposée dans le sol, on
risque de la voir fermenter si un temps pluvieux empêche de semer. L'usage de faire tremper la semence pour hâter la germination offre
donc, en réalité, plus d'inconvénients que d'a-
vantages.

f. **Époque des semailles.**

L'époque des semailles varie suivant que les
plantes peuvent, ou non, supporter un certain
degré de froid pendant leur première végétation.

Dans le premier cas, on sème en automne; dans le second cas, au printemps, quand les gelées sont passées. L'époque des semailles se détermine encore par l'état du sol et de la température.

Pour toute espèce de plantes, il importe de saisir le moment favorable où l'état du sol concorde avec la nature de la plante qu'on veut cultiver. Ainsi, le maïs, les haricots, l'orge, le sarrasin, etc., préfèrent, pour leur premier développement, un sol sec et déjà échauffé par la chaleur solaire; le blé, l'avoine, le colza, etc., au contraire, lèvent mieux dans un sol un peu frais : la réussite de la récolte dépend souvent de l'heureuse rencontre de ce moment favorable.

L'état de la température au moment des semailles exerce aussi une influence sensible sur la levée des plantes; mais comme cette circonstance atmosphérique échappe à l'action de l'homme, il est sage, lorsque l'époque des semailles est arrivée, de ne pas trop les différer, dans l'espoir d'un temps plus favorable : un temps contraire et une préparation insuffisante du terrain peuvent seuls légitimer le retard des semailles;

celles qui sont faites de bonne heure, surtout pour les grains d'hiver, donnent, en général, les meilleurs résultats.

Les terres argileuses doivent être ensemencées avant les sols sablonneux et calcaires; il en est de même des terrains pauvres : ils doivent être ensemencés d'autant plus tôt, qu'ils sont moins pourvus d'engrais.

Plus le climat est froid et humide, plus l'ensemencement doit être précoce pour les semailles d'hiver. Les semailles de printemps, dans les pays sujets à des vents secs et prolongés, gagnent à être faites avant les hâles, de sorte que la terre soit déjà couverte quand ceux-ci viennent à souffler.

9. Profondeur à laquelle la semence doit être enterrée.

Chaque graine doit être enterrée à une profondeur déterminée pour se trouver dans les conditions de chaleur, d'humidité et d'oxygénation nécessaires à sa germination; cette profondeur varie suivant chaque espèce de plantes qu'on cultive, suivant la nature du terrain, celle du climat et l'époque des semailles. Il est impossible de préciser, d'une manière absolue et pour tous les cas, la profondeur à laquelle il convient d'enterrer la semence ; on peut seulement se guider par les données suivantes :

Plus le terrain est argileux, moins la semence doit être enterrée profondément ; c'est le contraire dans les terrains sablonneux.

Plus la saison ou le climat est chaud, plus la semence doit être enterrée profondément ; on peut, au contraire, l'enterrer superficiellement si le climat est humide ; en général, la graine doit être enterrée plus profondément au printemps qu'en automne.

Les semences très-menues, comme celles du trèfle, de la luzerne, de la lupuline, de l'œillette, etc., veulent être enterrées très-superficiellement. La semence doit être enterrée d'autant moins profondément, qu'elle met moins de temps à lever.

h. Différentes manières de répandre la semence et de l'enterrer.

Dans les habitudes de la culture, on répand la semence principalement de deux manières : à la volée et au semoir. La première est la plus usitée et la plus expéditive ; elle exige une grande habileté pour que la semence soit également répartie sur toute la surface du champ ; sous ce dernier rapport, elle est inférieure au semoir. La semence répandue à la volée peut être enterrée avec la charrue, avec la herse ou le scarificateur.

Quand la semence est enterrée à la charrue, on la dit semée *sous raie ;* ce procédé réussit dans les terrains très-légers et dans les climats secs ; mais, de la sorte, une partie de la semence, souvent enfouie à une trop grande profondeur, lève inégalement ou même ne lève pas ; les plantes, en outre, se trouvent disposées en lignes, et s'affament mutuellement sur un espace de terre trop borné. Quand on répand la semence sur le labour dont les arêtes sont restées intactes, et qu'on l'enterre par un ou plusieurs coups de herse, on se trouve avoir *semé sur raies ;* la semence est enfouie à une moins grande profondeur que lorsqu'on a recouvert à la charrue, mais les mêmes inconvénients d'une semence accumulée sur des lignes trop rapprochées se font sentir. Cette méthode domine encore dans beaucoup de localités. Pour obtenir une meilleure répartition de la semence, il faut faire précéder la semaille d'un coup de herse ou d'un tour de rouleau , et enterrer la graine avec le scarificateur ; c'est le meilleur instrument qu'on puisse employer pour enfouir la semence assez profondément et d'une manière uniforme.

2. TRANSPLANTATION.

Toutes les plantes, en agriculture , n'achèvent pas toujours leur végétation au lieu même où elles l'ont commencée.

Il y a parfois utilité pour le cultivateur à semer en pépinière, à arracher le plant lorsqu'il est parvenu à une certaine croissance pour le transplanter dans une terre bien préparée où il doit compléter son développement.

La transplantation, entre autres avantages, a celui de concentrer les frais de première culture sur un espace restreint et d'économiser ainsi la dépense ; elle place le semis dans d'excellentes conditions, analogues à celles qu'on rencontre dans le jardinage et qui assurent sa réussite ; elle aide, en outre, à la marche de l'exploitation en laissant plus de temps pour la préparation du sol destiné à recevoir les plants provenant de la pépinière.

Pour que la transplantation réussisse, il faut que le plant soit vigoureux, qualité qu'il n'acquiert qu'autant que la pépinière a été bien préparée et bien fumée, que les plantes, nées des semis, n'ont pas été trop rapprochées les unes des autres, que leur croissance a été rapide et qu'on a eu soin de les tenir nettes de mauvaises herbes ; il faut, en outre, que le plant soit arraché avec soin lorsqu'il est parvenu à la grosseur voulue pour la transplantation ; il faut, enfin, qu'au sortir de la pépinière, le plant soit mis avec précaution dans une terre bien préparée et suffisamment pourvue d'engrais et de fraî-cheur.

La transplantation s'effectue de trois ma-nières, à la charrue, à la houe à main, et au plantoir.

La transplantation à l'aide de la charrue est la plus prompte et la plus économique. Elle con-siste à déposer le plant sur la bande de terre renversée par la charrue en laissant plus ou moins d'intervalle entre chaque plant et en es-paçant les lignes à une distance déterminée. Par cette méthode, la terre amenée à la surface ne presse pas toujours suffisamment les racines, aussi est-il nécessaire de serrer le collet de la plante en y appuyant le pied.

Quand on se sert de la houe pour transplan-ter, on ouvre un trou avec cet instrument, on y introduit le plant, on le recouvre en ayant soin de presser, avec le pied, la terre contre le plant. Le plantoir offre un bon moyen de mettre le plant dans les conditions les plus favorables. Le terrain bien labouré et suffisamment ameubli, on y fait passer le rouleau, puis l'instrument ap-pelé *rayonneur* qui trace les lignes sur lesquelles le plant doit être placé. On pratique alors les trous à la distance voulue en se servant d'un plantoir dont la longueur détermine l'écartement entre chaque plant et qui est traversé, dans sa partie supérieure, par une branche transversale qui l'empêche de pénétrer au delà de la profondeur nécessaire ; à mesure que les trous sont ouverts, on y dépose le plant en l'appuyant un peu sur le côté ; par la pression du pied, on serre la terre contre le plant : cette dernière précaution contribue singulièrement à assurer la reprise.

Il est souvent nécessaire, dans les pays chauds, d'arroser le plant immédiatement après sa transplantation ; quand on peut irriguer, on a soin de donner l'eau quelques jours avant l'opération : on met le plant en place lorsque la terre est suffisamment ressuyée pour en permettre l'accès.

3. SOINS GÉNÉRAUX PENDANT LA VÉGÉTATION.

On comprend, sous ce nom, les travaux de sarclage, binage, et buttage qu'on donne aux plantes pendant leur végétation pour hâter leur croissance et favoriser leur développement.

Les plantes croissent d'autant plus vite et se développent d'autant mieux, qu'elles s'emparent plus facilement des principes nutritifs contenus dans le sol et dans l'atmosphère. On sait que l'engrais, en contact avec l'air et sous l'influence simultanée de la chaleur et de l'humidité, se décompose, devient soluble et peut alors servir de nourriture aux plantes. Plus le sol est remué, tout en restant dans les conditions d'humidité et de chaleur, plus l'humus est rendu assimilable, plus les plantes en absorbent et prennent de développement : les binages, et surtout les binages répétés et appliqués judicieusement, favorisent ce résultat.

On sait encore que les mauvaises herbes font sans cesse la guerre au cultivateur. Elles vivent toujours au détriment de la récolte, non-seulement en prenant une partie des principes nutritifs contenus dans le sol, mais aussi en usurpant un espace dont la récolte a besoin pour se bien développer. Par leur présence, elles contrarient les plantes utiles dans l'extension de leurs racines, de leur tige et de leurs feuilles, et les privent, en les dominant, de l'air et du soleil dont toute plante a besoin pour arriver à sa perfection. Le sarclage est le moyen employé pour se débarrasser des mauvaises herbes qui surviennent pendant la végétation des plantes.

Enfin, certaines plantes ont besoin d'une forte couche de terre accumulée à la base de leurs tiges, soit pour les défendre contre les grands vents qui pourraient les renverser, soit pour donner des produits plus abondants : on satisfait à cette condition par le buttage.

a. Binage.

Le binage a pour but d'ameublir le sol autour des plantes en végétation. Il s'effectue à la main ou bien à l'aide de la houe à cheval et quelquefois aussi au moyen de la herse. Le binage à la main, beaucoup plus parfait que celui qui se donne avec la houe à cheval, a l'avantage de pouvoir s'appliquer même à une époque avancée de la végétation, quelle que soit la disposition des plantes sur le terrain. Le travail de la houe à cheval, plus expéditif et moins dispendieux que celui du binage à la main, ne peut s'effectuer que lorsque les plantes se trouvent en ligne et à une distance déterminée ; comme il remue seulement l'intervalle qui sépare chaque rangée de plantes, il nécessite l'intervention du binage à la main pour que le pied des plantes soit également ameubli.

Le binage au moyen de la herse est le plus prompt et le plus économique, mais il ne remplace qu'imparfaitement le travail fait à la main ou avec la houe à cheval.

Les binages, indépendamment de leur action sur l'engrais contenu dans le sol, font profiter les plantes des vapeurs humides répandues dans l'atmosphère et impriment ainsi une vive impulsion à la végétation : ils sont d'autant plus nécessaires, que le terrain est plus compacte et que la sécheresse est plus forte.

b. Sarclage.

Le sarclage proprement dit consiste à détruire avec la main les mauvaises herbes qui croissent parmi les plantes cultivées : le hersage, le binage et le buttage sont d'excellents moyens pour faire périr les mauvaises herbes et assurer aux récoltes l'espace et la nourriture auxquels elles ont droit.

Le sarclage, pour atteindre son but, doit être appliqué lorsque les mauvaises herbes n'ont pas encore pris un grand développement; il se pratique avec facilité lorsque la terre, sans être humide, conserve encore assez de fraîcheur pour que les plantes soient aisément arrachées par l'instrument ; on ne doit jamais l'effectuer par un temps humide, sous peine de pétrir la terre et de voir la plupart des mauvaises herbes reprendre après avoir été détachées du sol. Lorsque le sarclage est fait à la main et dans la première période de la végétation, comme cela a lieu pour le blé, il est avantageux de le faire suivre d'un coup de herse : le terrain se trouve ainsi mieux ameubli et surtout mieux purgé des mauvaises herbes que les ouvriers ont pu fixer au sol avec leurs pieds, après les avoir arrachées.

Le nombre des binages et des sarclages est moins essentiel que leur opportunité, on ne peut le déterminer mathématiquement; il faut y revenir aussi souvent que la terre s'infecte de mauvaises herbes et jusqu'à ce que la récolte soit assez vigoureuse pour étouffer, par sa propre végétation, toutes les plantes adventices.

c. Buttage.

Le buttage est une opération qui consiste à accumuler de la terre meuble au pied des plantes parvenues à un certain degré de végétation.

Le buttage se fait à la main ou à l'aide du buttoir; ce dernier procédé, beaucoup plus parfait et plus expéditif que celui qui se pratique avec la main, est infiniment plus économique.

Le buttage, en plaçant les plantes au milieu

d'une couche de terre plus considérable, met à leur disposition une plus grande quantité de principes nutritifs; il favorise d'une manière spéciale le développement de leurs parties souterraines et y maintient la fraîcheur; il contribue aussi énergiquement à la destruction des mauvaises herbes et, dans certains cas, il préserve les plantes du froid tout en leur fournissant un certain appui.

Le moment le plus favorable pour appliquer le buttage, est celui où les plantes ont pris assez de développement pour que leur tige ne soit pas entièrement couverte par la terre jetée à droite et à gauche par les deux versoirs.

On reconnaît que l'opération du buttage a été bien faite lorsque la terre, relevée des deux côtés de l'ados, ne forme qu'une arête au sommet, laissant passer la partie supérieure de la tige. Dans certaines circonstances déterminées par la végétation des plantes, l'opération du buttage s'effectue en deux fois. La première fois, on écarte beaucoup les versoirs et on ne pénètre qu'à une petite profondeur; la deuxième fois, c'est-à-dire après un intervalle de dix ou quinze jours, suivant la marche de la végétation, on rapproche davantage des versoirs et l'on pénètre plus avant : l'opération est alors complète.

Le buttage ne doit être appliqué que lorsque le sol est en état de le recevoir ; il faut que la terre, ni trop sèche, ni trop humide, se laisse aisément entamer et pulvériser, condition essentielle pour le succès du buttage et la prospérité des plantes.

4. TRAITEMENT ET CONSERVATION DES PRODUITS.

Tout ce qui concerne la récolte est de la plus haute importance pour le cultivateur ; elle est le but et la récompense de son labeur ; encore un effort, et il va recueillir le fruit de toute une année de sollicitude et de peines. Un bon choix d'ouvriers, en nombre suffisant pour la tâche qu'ils auront à accomplir, une habile distribution du temps et des travaux, l'opportunité des opérations, leur bonne et rapide exécution, une surveillance sans relâche, sont les meilleurs moyens de dominer les circonstances qui, parfois, contrarient la récolte, et de la faire rapidement et économiquement. Mais rien, ici, ne supplée l'expérience d'un praticien actif et consommé dans son art; son coup d'œil exercé, son sang-froid, sa diligence à saisir l'instant le plus favorable pour telle ou telle opération, son habitude du commandement, la justesse de ses combinaisons, sont autant de qualités pour lesquelles un apprentissage pratique est absolument nécessaire.

On comprend, en général, sous le nom de récolte toutes les opérations qui ont pour objet de séparer les plantes du sol, de mettre leurs produits en état d'être déposés en magasin et d'y rester plus ou moins longtemps.

Toutes les plantes qui sont l'objet de l'agriculture ne se récoltent pas à la même époque de leur végétation. Les unes, comme les céréales, se récoltent lorsque la maturité du grain est achevée ou du moins sur le point d'être complète. D'autres, telles que les fourrages, se récoltent quand elles sont sur le point de fleurir ou même en fleur. Pour plusieurs, comme les récoltes-racines, la récolte a lieu quand leurs produits souterrains ont atteint leur plus grand développement.

Chaque catégorie de plantes exige donc, pour sa récolte, un traitement particulier dont l'exposé rentre nécessairement dans les détails de la culture spéciale des plantes; seulement, quelques notions générales relatives aux travaux de fauchage et de sciage, à la disposition des produits, à leur mise en meules ou en greniers, à leur battage, à leur nettoiement et à leur conservation, ont besoin d'être signalées, car elles trouvent leur application dans le plus grand nombre des cas : elles vont être rapidement passées en revue.

a. Fauchage et sciage.

Beaucoup de plantes agricoles sont séparées du sol par la faulx ou la faucille. La faucille est moins pénible à manier que la faulx; elle permet d'employer les femmes, les jeunes gens et jusqu'à des vieillards, tandis que la faulx exige le concours d'hommes robustes et habiles, et ne peut se passer d'ouvriers auxiliaires. Celle-ci, en revanche, expédie plus d'ouvrage que la faucille, rase de plus près le sol, et partant, procure une plus grande quantité de produits ou, du moins, économise les frais d'un second fauchage quand on veut recueillir le chaume resté sur pied. La faulx, toutefois, ne peut être employée partout ni dans toutes les circonstances; elle fonctionne mal dans les terrains très-pierreux et lorsque les récoltes sont versées : dans ces deux cas, il est préférable de recourir à la faucille, ou mieux encore, à la sape, petite faulx particulière, avec laquelle l'ouvrier coupe, de la main droite, la gerbe qu'il a rassemblée avec le crochet dont sa main gauche est armée. La sape, maniée par des mains exercées, même par celles des jeunes gens, expédie moitié plus d'ouvrage que la faucille; elle coupe très-près du sol et ne fait qu'un tiers en moins de besogne que la faulx : elle mériterait d'être généralement adoptée.

b. Dessiccation des produits.

Les plantes, après avoir été coupées, exigent un temps plus ou moins long pour que l'humidité dont elles sont chargées s'évapore; cette humidité, tant qu'elle subsiste à un certain degré, ne permet pas d'engranger la récolte; elle compromettrait sa conservation si on l'emmagasinait en cet état et pourrait, parfois, occasionner des incendies.

Les procédés de dessiccation varient suivant les différentes espèces de plantes qu'on a récoltées; l'air et la chaleur sont les deux grands moyens employés à cet effet.

Pour les céréales, la dessiccation se fait en javelles ou en gerbes. Par la première méthode, on laisse la récolte sur terre pendant un certain temps avant de la mettre en gerbes et de la lier; par la seconde, on lie aussitôt après avoir coupé : il faut pour cela que la récolte contienne peu d'herbe, que la maturité soit très-avancée et qu'on opère sous un climat chaud.

Les gerbes sèchent d'autant plus vite, qu'elles sont moins volumineuses et qu'elles ont été liées par un temps plus sec; même dans ces conditions, il est préférable de les laisser se ressuyer un peu sur le sol avant de les rentrer.

La disposition des gerbes qu'on veut faire sécher est loin d'être partout la même. Dans certaines localités, on les place en croix les unes sur les autres; ailleurs, on les dresse en cônes présentant l'aspect d'une toiture à deux pans; dans certains endroits, on met la récolte en moyettes, c'est-à-dire qu'on prend une première gerbe, on la place debout et autour de ce point central on dispose un certain nombre d'autres gerbes circulaires, inclinées légèrement à leur partie supérieure; un lien commun assure leur fixité; on recouvre le tout d'un chapeau formé par une gerbe fortement liée dont les épis regardent le sol : cette méthode mérite incontestablement la préférence dans les climats pluvieux.

La dessiccation la plus usitée pour les fourrages artificiels est celle-ci :

Les plantes fauchées restent ordinairement en andains pendant quelque temps; on les retourne quand elles ont subi un commencement de dessication; dès que celle-ci est parvenue à un certain degré, on met le fourrage en meulons; il passe la nuit en cet état et continue d'y fermenter : il suffit alors de l'exposer pendant quelque temps à l'air pour compléter sa dessiccation.

Le fanage des prairies naturelles s'opère de la même manière, avec cette différence essentielle qu'on éparpille l'herbe au lieu de se contenter de retourner les andains, quand leur surface a subi un commencement de dessiccation.

Le fourrage, de quelque nature qu'il soit, ne doit jamais passer la nuit autrement qu'en tas lorsque les andains ont été déjà retournés ; on les ouvre lorsque la rosée du matin est complétement dissipée.

Ces procédés de dessiccation se modifient suivant que le climat est plus ou moins chaud : le point essentiel est d'obtenir une dessiccation rapide, complète sans être exagérée, et de laisser le moins possible de débris sur le sol.

c. Mise en meules ou en grange.

Les récoltes, particulièrement celles des céréales, sont rarement battues aussitôt après leur dessiccation ; le plus souvent on en forme des meules provisoires ou définitives, ou bien on les engrange avant d'en extraire le grain.

Deux points essentiels dans cette opération

sont à observer : il importe d'abord de n'enlever la récolte que lorsqu'elle est suffisamment sèche ; il faut, en outre, la disposer dans la grange ou en meules, de telle sorte qu'elle s'y conserve bien : les précautions, à cet égard, doivent être d'autant mieux prises et mieux observées, que la récolte doit rester plus longtemps à l'état de dépôt.

d. Battage.

On détache les grains de leurs épis à l'aide du fléau, par les pieds des animaux, par des rouleaux ou bien au moyen de machines.

Le battage au fléau est très-pénible ; il est aussi fort dispendieux, par suite du petit nombre de gerbes qu'un ouvrier vigoureux peut battre dans l'espace d'une journée et de la quantité de grains qu'il laisse dans les épis. C'est le procédé le plus répandu en France : entre autres avantages, il présente celui de conserver la paille intacte et de s'effectuer pendant la morte saison.

Le battage par les pieds des chevaux ou le

dépiquage, n'est en vigueur que dans les contrées méridionales ; par ce procédé on expédie plus de besogne qu'avec le fléau lorsque le temps est sec et la température élevée, et que l'attelage est bien conduit, mais il est loin d'être aussi économique qu'on le croit généralement. Il ne soustrait pas la récolte aux intempéries de l'atmosphère quand l'opération vient à être contrariée par le mauvais temps ; il laisse une partie des grains dans les épis ; il a surtout l'inconvénient grave d'introduire au sein de l'exploitation des étrangers à la discrétion desquels on est à peu près livré pendant tout le temps du dépiquage ; c'est pourquoi, dans les contrées où il se pratique, on regarde comme un progrès de lui substituer le battage au rouleau.

Ce procédé s'effectue à l'aide d'un ou de plusieurs rouleaux en pierre, de forme un peu conique, traînés ordinairement par des bœufs. Ce serait peut-être le mode de battage le plus économique et le mieux approprié aux climats méridionaux, s'il n'avait, comme le dépiquage, l'inconvénient d'employer les attelages dans la saison la plus chaude de l'année et par le soleil

le plus ardent, à une époque où l'on vient d'é-
prouver les fatigues de la moisson et où il faudrait
réserver les bêtes de trait pour la préparation des
terres.

Quoi qu'il en soit, le rouleau appliqué au battage est un véritable progrès pour le midi de la
France : il expédie autant d'ouvrage, il ménage
mieux la paille et extrait le grain des épis aussi
bien que les pieds des animaux ; il ne le cède en
réalité qu'aux machines à battre.

Celles-ci réunissent toutes les conditions vou-
lues pour un battage prompt et économique :
elles permettent de choisir la saison et le temps
le plus favorables pour opérer le battage ; elles
remplacent les hommes vigoureux qu'exige le
battage au fléau par des femmes et de simples
ouvriers ; elles laissent très-peu de grains dans
les épis ; elles expédient beaucoup d'ouvrage en
très-peu de temps, aussi rendent-elles d'importants services dans les grandes exploitations. La
seule objection contre la généralisation de leur
emploi consiste dans un mécanisme compliqué
qui nécessite l'intervention d'un ouvrier spécial,
si quelque pièce vient à se déranger, et dans le

prix d'acquisition et de montage qui ne laisse pas que d'être dispendieux.

e. Nettoiement de la récolte.

Le grain battu doit subir une préparation préliminaire, celle du nettoiement, avant d'être mis en magasin.

Le procédé le plus ancien et le plus simple consiste à jeter le grain contre le vent, au moyen d'une pelle ; les corps étrangers légers avec lesquels il se trouve mélangé s'en séparent en tombant loin de lui. Ce moyen est fort usité dans les contrées où l'on bat en plein air. Partout ailleurs, l'opération s'exécute dans l'intérieur des bâtiments, à l'aide d'un tarare. Cet instrument indispensable produit une ventilation très-énergique, qui chasse les corps légers par une ouverture supérieure, tandis que le grain, tombant sur une trémie, éprouve un mouvement continu de va-et-vient, et s'entasse sous la machine.

Le tarare contribue puissamment à débarrasser le grain de toutes matières étrangères, mais il faut encore compléter son action par celle du

crible ou, mieux encore, par les *trieurs Vachon*
ou *Pernollet*, quand on veut se procurer une semence pure de toute mauvaise graine. Ce surcroît de travail et de dépense est largement com-
pensé par l'économie de sarclage qu'apporte
avec elle une semence bien nettoyée, composée
uniquement de grains bien nourris et sans mélange de mauvaises graines.

f. Conservation de la récolte.

C'est dans les greniers qu'en France on dépose les grains battus. Pour qu'ils s'y conservent bien, ils doivent réunir les conditions suivantes :

Ils doivent être à l'abri de l'humidité ; l'air
doit pouvoir circuler librement dans les greniers au moyen d'ouvertures ménagées de manière à produire, à volonté, des courants d'air
à la surface des grains : ces ouvertures doivent
être défendues par des grillages en fer pour in-
terdire tout accès aux rats et aux oiseaux. Le
plancher doit être formé de planches bien join-
tes ; les murs intérieurs doivent être entretenus

sans fentes ni crevasses et recrépis de temps à autre.

Le grain doit être étendu dans le grenier en couches minces ne dépassant pas d'abord 12 à 15 centimètres de hauteur, brassé et remué plusieurs fois par semaine; lorsqu'il est bien sec, on peut élever le tas jusqu'à un mètre de hauteur, et se contenter alors de le remuer une ou deux fois par mois.

Les graines oléagineuses étant très-sujettes à s'échauffer dans les premiers temps qui suivent le battage, la précaution de les étendre en couches minces dans le grenier leur est surtout applicable ; les récoltes-racines se conservent en caves ou en silos.

Les fourrages se conservent dans les fenils ou dans les meules ; celles-ci, bien faites, sont préférables aux fenils. Non-seulement avec elles on évite des frais de construction et d'entretien coûteux, mais encore le foin se conserve mieux que dans les fenils où les parois des murs, le contact du toit en font avarier une partie ; les meules, seulement, présentent moins de facilité pour la distribution journalière des fourrages, que lorsque le foin est serré dans des bâtiments.

Quel que soit, du reste, le mode qu'on préfère, le foin ne se conserve bien qu'autant qu'il est bien tassé et qu'il ne reste pas de vide dans l'intérieur. L'usage adopté, en certains endroits, de ménager des ouvertures ou cheminées dans les meules, est tout à fait vicieux et doit être rejeté ; les fourrages se conservent d'autant mieux que l'air y a moins d'accès.

CÉRÉALES

1. Froment. — 2. Blé de printemps. — 3. Épeautre. — 4. Seigle. — 5. Méteil. — 6. Orge. — 7. Avoine. — 8. Maïs. — 9. Millet. — 10. Sorgho. — 11. Sarrasin.

Toutes les plantes dont s'occupe l'agriculture peuvent être rangées sous les dénominations suivantes : les céréales, les légumes farineux, les récoltes-racines, les plantes commerciales, les plantes fourragères.

La classe des céréales renferme le blé, l'épeautre, le seigle, l'orge, l'avoine, le maïs, le millet, le sorgho et aussi, par extension, le sarrasin, c'est-à-dire les plantes les plus précieuses pour l'homme, celles auxquelles il emprunte presque partout sa nourriture principale.

A l'exception du sarrasin, toutes appartiennent à la famille des graminées. Elles sont annuelles et bisannuelles. Une partie de leurs racines s'étend près de la surface du terrain, ce qui n'empêche pas les autres de plonger assez avant dans le sol quand elles rencontrent une couche végétale profondément ameublie et suffisamment riche. Elles forment naturellement des touffes et se multiplient en tallant, c'est-à-dire que leurs nœuds inférieurs émettent de nouvelles racines et donnent naissance à de nouvelles tiges, lorsqu'on les recouvre d'une terre meuble et que l'on contrarie la croissance verticale de la plante.

Les céréales viennent dans la plupart des terrains et sous des climats très-divers; elles résistent aussi à une culture négligée, mais leur produit est toujours en raison directe de la convenance du sol, du climat et des soins dont elles ont été l'objet. Leur grain renferme, en proportions variables, deux substances essentielles pour l'alimentation de l'homme, le gluten et l'amidon. La valeur nutritive du grain est déterminée par la quantité de gluten qu'il contient; plus il est riche de cette substance, moins il nécessite d'aliments supplémentaires pour l'entretien de la vie. Le poids du grain est un moyen plus sûr que son volume pour apprécier sa valeur nutritive.

Suivant que les céréales ont la faculté de supporter, ou non, la rigueur de l'hiver, on les distingue en céréales d'automne et en céréales de printemps.

Selon la saison et l'état de la température, les céréales lèvent plus ou moins vite, mais dans tous les cas elles doivent lever uniformément et présenter une bonne couleur.

Après la levée, plus la tige émet de pousses latérales du nœud qui surmonte la racine, plus elle annonce de vigueur; en général, on aime que l'hiver la trouve ayant déjà tallé.

Quelque long et rigoureux que soit le froid en hiver, les céréales abritées sous une couche de neige n'en souffrent nullement; les semailles, au contraire, sont fortement éprouvées par les alternatives de chaud et de froid, principalement dans les terrains humides; c'est surtout alors qu'on se trouve bien d'avoir tenu le sol égoutté.

Les alternatives de gelée et de dégel exposent les céréales à être tour à tour noyées et déchaussées ; la plante résiste d'autant mieux à ce grave inconvénient, qu'elle est plus touffue et plus vigoureuse ; toutefois, il est bien rare d'obtenir une bonne récolte en pareille circonstance.

Les céréales, fatiguées par l'hiver et devenues claires, réclament, au printemps, un hersage vigoureux lorsque le terrain est profond et suffisamment ressuyé ; mais si les plantes ont été déchaussées, ce n'est plus la herse qu'il faut employer, c'est le rouleau.

Au moment de la floraison, les céréales de belle venue doivent présenter une surface uniforme au sommet de leurs épis. A cette époque, elles sont sujettes à *couler* lorsque des pluies prolongées viennent contrarier l'acte de la fécondation.

Enfin, pendant le cours de leur végétation, les céréales sont encore exposées à verser et à être atteintes du charbon, de la carie, de la rouille et du miellat.

Le versage des céréales est occasionné, la plupart du temps, par une semaille trop épaisse, des labours trop superficiels, des cultures trop répétées de céréales, et une forte fumure directe qui, gorgeant la plante d'une séve aqueuse, et la faisant pousser trop rapidement en hauteur, empêche les tiges de prendre assez de consistance à leur base pour résister. Le meilleur moyen de prévenir cet accident consiste à ne pas semer trop épais, et surtout à donner des cultures suffisamment profondes et à ne pas placer les céréales sur une fumure immédiate : le versage résulte souvent aussi de pluies abondantes ou prolongées; ses conséquences sont d'autant plus fâcheuses, que la plante est moins avancée vers sa maturité.

Le charbon est occasionné par un cryptogame parasite qui attaque le grain et souvent le détruit entièrement en le remplissant d'une poussière noire, inodore.

La carie est également produite par un cryptogame parasite qui décompose la farine et la change en une substance noire et fétide; cette maladie est héréditaire; on la combat par le sulfatage.

La rouille est due à un champignon qui envahit principalement les feuilles et les tiges des céréales, croît à leurs dépens et les couvre d'une poussière jaunâtre, tirant sur le rouge.

Le miellat, ainsi que son nom l'indique, est une espèce de liqueur sucrée qui apparaît tout à coup à la surface herbacée des plantes et nuit à leur développement : il coïncide presque toujours avec un changement brusque de température.

Jusqu'ici, on n'a point trouvé de remède à opposer à ces deux dernières maladies ; l'assainissement du sol par le drainage est un des moyens conseillés pour atténuer le mal, s'il ne le fait pas entièrement disparaître.

La dessiccation des céréales s'opère de plusieurs manières. Dans les climats secs, on peut les mettre en meules vingt-quatre heures après que les gerbes ont été exposées au soleil ; dans les climats humides, les gerbes, avant d'être emmeulées ou mises en grange, demandent une dessiccation préalable sur le terrain. On laisse d'abord la récolte en javelle jusqu'à ce que les herbes qu'elle contient soient suffisamment sèches et que l'humidité de la paille soit en partie évaporée ; on la lie ensuite en gerbes. Les gerbes sèchent d'autant plus vite, qu'elles sont plus petites et que le temps est plus sec. Pour préserver les gerbes de l'humidité, on les met les unes sur les autres en croix ou en dizeaux, ou bien on les dispose en moyettes, c'est-à-dire qu'on range circulairement un certain nombre de gerbes non liées autour d'une botte centrale, les épis étant placés en haut ; le tout est recouvert d'une botte renversée faisant l'office d'un capuchon et fixée par un lien : l'usage des moyettes devrait être adopté partout où un climat pluvieux fait craindre pour la bonne rentrée des céréales.

1. FROMENT.

Le froment est la plus importante des céréales ; c'est celle qui, sous le moindre volume, contient le plus de substances nutritives ; son prix sert, en général, de régulateur à la plupart des autres denrées alimentaires. On connaît un grand nombre de variétés de froment ; toutes se rapportent à deux grandes classes : les blés tendres et les blés durs, qu'on distingue encore subsidiairement en blés barbus et en blés sans barbes. Sous l'influence du sol, du climat et de la culture, ces variétés sont susceptibles de nombreuses modifications et peuvent, en quelque sorte, être transformées les unes dans les autres, et cela d'autant plus vite, que le sol auquel elles sont confiées leur est moins propre; toutes, après plusieurs générations, peuvent devenir alternativement blés d'automne ou de printemps.

Le froment préfère, à tout autre, un sol consistant et frais; les terrains argilo-calcaires suffisamment pourvus d'humus sont ceux où il réussit le mieux et où il donne les produits les plus estimés : plus le climat est chaud, plus la condition d'un sol argileux est nécessaire; plus le climat est humide, moins le sol a besoin d'être lié.

La préparation à donner au sol destiné à porter du froment dépend de la place que celui-ci occupe dans la rotation. Sur jachère, le blé se trouve confié à un terrain qui a reçu trois et souvent quatre labours. Après du colza, des pois, des fèves ou des vesces, le sol est ordinairement préparé par deux labours; il est rare qu'on donne plus d'un labour quand le blé succède à du chanvre, du tabac ou des pommes de terre; sur un trèfle rompu, un seul labour suffit; on sème sur ce labour unique : les façons complémentaires, si le sol en réclame, doivent s'effectuer avec la herse, le scarificateur et le rouleau, mais non avec un second coup de charrue. Sur défrichement de luzerne ou de sainfoin, le sol doit être préparé par plusieurs labours : quel que soit, du reste, le procédé qu'on emploie, il importe surtout de donner le dernier labour trois semaines ou un mois avant la semaille, car celle-ci ne réussit jamais mieux que dans un sol *repris*, meuble à sa surface.

Le choix de la semence est de la plus haute importance pour le froment. En effet, outre les maladies auxquelles il est sujet comme les autres céréales, son grain est encore attaqué par une affection spéciale connue sous le nom de *carie*. Pour préserver le blé de la carie on emploie souvent la chaux; mais le procédé le plus efficace jusqu'ici est le sulfatage recommandé par Mathieu de Dombasle.

« On fait dissoudre, dit-il, 8 kilogrammes de sulfate de soude (*sel de Glauber*) par hectolitre d'eau. D'un autre côté, on réduit une certaine quantité de chaux en poudre en la faisant fuser.

« Lorsqu'on veut opérer, on verse un hectolitre de froment au milieu d'une pièce dont le sol est formé de carreaux, de dalles ou de ciment; trois personnes, armées de pelles de bois, agitent et retournent vivement le tas pendant que la personne qui dirige l'opération y verse, à diverses reprises, autant de solution de sulfate de soude que le grain peut en absorber. Cela exige ordinairement 6 ou 8 litres de solution par hectolitre de grain; mais on ne doit pas la mesurer, et l'on ne cesse d'en ajouter que lorsqu'on reconnaît qu'une plus grande quantité de liquide s'écoulerait hors du tas. Tous les grains doivent être alors uniformément humectés sur toute leur surface, sans qu'un seul ait échappé à son action. Alors le chef, sans perdre un instant, prend une écuelle de chaux et la répand successivement jusqu'à la quantité de 2 kilogrammes, et les ouvriers continuent de brasser le tas jusqu'à ce que tous les grains soient exactement couverts de chaux. L'opération est alors terminée pour cet hectolitre de froment; on le rejette dans un des coins de la pièce, pour verser à sa place un autre hectolitre, sur lequel on opère de même.

« L'efficacité du procédé de sulfatage dépend essentiellement de deux circonstances : la première, que le mélange du froment, d'abord avec la solution du sulfate, ensuite avec la chaux, ait été parfait; la seconde, que la chaux ait été mélangée au moment même où les grains de froment étaient mouillés de la solution saline. Dans la pratique, on obtient aisément ces deux conditions si on y apporte quelque soin. Le froment ainsi sulfaté paraît sensiblement sec peu de temps après, et il peut se conserver en tas pendant plusieurs jours sans s'altérer; toutefois, si l'on craignait qu'il ne s'échauffât, on pourrait le remuer en changeant le tas de place. »

Le sulfatage *par aspersion*, décrit par Mathieu de Dombasle, laisse quelque chose à désirer : tous les grains arrosés ne sont pas infailliblement en contact avec la liqueur préservatrice. Afin qu'aucun d'eux n'échappe à son action, il vaut mieux employer le sulfatage *par immersion*. On remplit aux deux tiers un cuvier contenant le sulfate de soude en dissolution; on y verse le blé; on écume tous les grains légers qui flottent à la surface et l'on brasse en même temps la semence couverte par le liquide; quand elle est suffisamment imprégnée, on la retire du cuvier, on la dépose en tas, en ayant soin de la saupoudrer de chaux pour hâter sa dessiccation.

L'époque des semailles, pour le froment, ne peut être déterminée d'une manière absolue; elle dépend du climat, de l'état du sol, de sa richesse et de la variété de blé qu'on cultive. Ces diverses circonstances déterminent encore la quantité de grains à employer pour la semaille : la proportion moyenne, en France, est de 2 hectolitres par hectare.

D'après la consistance du sol, on enterre la semence, tantôt avec la herse, tantôt avec le scarificateur, quelquefois aussi, dans les terres légères, on l'enfouit sous raie par un léger trait de charrue.

Les façons qu'exige le froment, pendant sa
végétation, sont fort simples. Aussitôt après les
semailles, on tire des raies d'écoulement à travers
la pièce, afin que l'eau n'y séjourne nulle part.
On les visite et on les tient bien nettes pendant
tout l'hiver. Au printemps, dès que le sol est
suffisamment ressuyé et que l'atmosphère est
déjà réchauffée, on applique un hersage énergique aux terres argileuses dont la surface a été
battue par les pluies ou se trouve crevassée :
cette excellente pratique a pour but non-seulement de rompre la croûte du sol, mais encore
de détruire les mauvaises herbes et de porter
de la terre meuble sur les racines coronales du
blé et de favoriser ainsi le tallement des plantes.
Sur les terres moins fortes, on peut se contenter
d'un hersage donné avec une herse en bois; dans
les terres sujettes à être soulevées par les gelées,
au lieu de la herse, on emploie le rouleau pour
raffermir le sol.

Le hersage détruit la plupart des mauvaises
herbes, mais il ne suffit pas toujours pour en
débarrasser entièrement le champ, il faut souvent encore recourir au sarclage à la main pour

en avoir tout à fait raison. Il arrive parfois que le blé, semé dans un sol très-riche et excité par une température extraordinaire, s'emporte au printemps de manière à faire craindre que la récolte, plus tard, ne verse; on tempère cet excès de végétation luxuriante, en *effiolant* le blé, c'est-à-dire en retranchant avec la faulx ou la faucille la sommité des tiges sans entamer le cœur de la plante : cette opération délicate ne doit être exécutée que lorsque la nécessité l'exige impérieusement et toujours par un temps doux; on prévient aussi le versage résultant d'une végétation excessive, en faisant passer rapidement un troupeau de bêtes à laine dans la récolte; il en tempère l'exubérance en broutant l'extrémité supérieure des tiges.

La maturité du blé s'annonce par la couleur jaune de la plante et par l'inclinaison de l'épi sur la tige. Le moment précis auquel il convient de couper le blé dépend de l'usage auquel on le destine. S'il doit être livré au commerce, il convient de le couper lorsque le grain n'est plus laiteux et que la farine qu'il contient s'écrase en pâte, sous la pression des doigts; la règle générale, dans ce cas, est de hâter plutôt que de retarder la récolte : de nombreuses expériences ont prouvé que le blé coupé ainsi un peu *sur le vert* acquiert plus de qualité pour la vente que celui qu'on a laissé trop mûrir; ce dernier, indépendamment de sa disposition à s'égrener, est encore sujet à se *racornir;* l'autre, au contraire, est lisse et renferme une belle farine blanche : on ne doit récolter, à sa parfaite maturité, que le grain destiné à servir de semence.

Les accidents de température réservés, le rendement du blé est toujours en raison directe de la fertilité du sol et des soins qu'on a donnés à la plante.

2. BLÉ DE PRINTEMPS.

Le blé de printemps n'exige pas une terre aussi forte que le blé d'automne, il réussit dans les terres de consistance moyenne, pourvu qu'elles soient fraîches et surtout en bon état de fertilité.

Il veut un sol parfaitement ameubli et net

de mauvaises herbes; il réussit mieux généralement sur pommes de terre que le blé d'automne. Il demande à être semé de très-bonne
heure au printemps. On doit le semer plus épais
que le blé d'automne. Sa réussite, du reste, dépend beaucoup des circonstances atmosphériques, c'est-à-dire des alternatives d'humidité et
de chaleur que réclame sa végétation; c'est
pourquoi sa culture ne convient pas dans les
climats secs.

3 ÉPEAUTRE.

L'épeautre se distingue du froment par l'adhérence de sa balle avec le grain, adhérence telle,
qu'elle ne cède pas à l'action du fléau, mais seulement à celle de la meule; cette circonstance contribue à restreindre sa culture.

On connaît deux variétés d'épeautre, l'une à
grains rouges et l'autre à grains blancs; la première est préférée; toutes deux peuvent être munies de barbes ou sans barbes et devenir réci-
proquement céréales d'automne ou de printemps.

La culture de l'épeautre est celle du froment.

L'épeautre se contente d'un sol plus léger, plus sec et moins riche; elle n'est pas difficile sur sa place dans la rotation. Elle ne craint pas une semaille tardive; semée avec sa balle, elle exige le double de semence que le froment, mais aussi elle rend deux fois plus.

L'épeautre est moins sujette aux maladies que le froment.

4. SEIGLE.

Le seigle est la céréale par excellence pour les terres sablonneuses, il vient même dans les sols qui contiennent jusqu'à 85 pour 100 de sable, si le climat est humide; proportion gardée, il est moins exigeant que le froment sur la richesse du sol, il le laisse plus propre et l'épuise moins.

Le seigle réussit bien après des pois, des vesces et sur trèfle rompu, pourvu que le terrain soit libre de bonne heure.

Le seigle veut une terre bien ameublie. Il est

d'expérience qu'il ne réussit jamais mieux que sur un vieux labour et lorsque la semaille a eu lieu de bonne heure et par un temps sec. La semence doit être enterrée légèrement. On sème à peu près dans la même proportion que pour le froment.

Le seigle talle avant l'hiver et monte rapidement avec les premières chaleurs.

Les gelées tardives et les pluies continues lui sont très-préjudiciables à l'époque de sa floraison ; les épis alors blanchissent et les valves restent vides.

Le seigle se récolte dans un état de maturité plus avancée que le froment; il produit plus de paille que ce dernier.

Le seigle est sujet à une maladie particulière connue sous le nom d'*ergot ;* elle se développe ordinairement dans les années humides. L'ergot, mêlé au pain en certaine proportion, le rend dangereux pour la santé de l'homme.

On sème le seigle à raison de cent-quatre-vingt à deux cents litres par hectare; on le distingue en seigle d'hiver et en seigle de printemps.

5. MÉTEIL.

Le méteil, ou mélange de froment et de seigle, se cultive ordinairement dans les terres qui, sans être assez pauvres pour se contenter de seigle, ne sont pourtant pas assez riches pour porter exclusivement du blé.

La propriété caractéristique du méteil est de réussir plus sûrement que le blé ou le seigle semés séparément. On sème le méteil tantôt en mettant seulement un tiers de seigle contre deux tiers de froment, si le sol convient mieux à ce dernier qu'au seigle, et *vice versa*.

Le méteil se sème plus tôt que le froment ; sa culture est la même que pour cette céréale. Sa réussite est plus assurée que celle du seigle, son rendement est aussi plus considérable.

6. ORGE.

De toutes les céréales, l'orge est celle qui mûrit le plus tôt.

Les terres douces d'alluvion lui conviennent particulièrement ; celles-ci, sous un climat chaud, doivent avoir une certaine consistance ; sous un climat frais, elles peuvent être plus légères ; dans tous les cas, l'orge réussit d'autant mieux, que le sol se trouve en meilleur état de fertilité et contient une certaine quantité de calcaire.

L'orge veut un terrain parfaitement ameubli et exempt de mauvaises herbes ; ces dernières lui sont plus funestes qu'à toute autre céréale. Le terrain, pour cette plante, doit donc être préparé avec le plus grand soin. Les engrais décomposés conviennent mieux pour l'orge qu'une fumure fraîche.

Les récoltes sarclées constituent pour elles un excellent précédent.

L'orge demande à être semée de très-bonne

heure ; cette condition est d'autant plus impérieuse que le climat est plus sec. Elle craint la gelée.

On sème l'orge dans la proportion de 2 à 3 hectolitres par hectare.

Le scarificateur, suivi d'un coup de herse et d'un tour de rouleau, sont les meilleurs moyens à employer pour enfouir la semence.

Après sa levée, l'orge doit être hersée si les mauvaises herbes contrarient sa végétation.

L'orge mûre demande à être récoltée sans retard, car elle s'égrène avec une extrême facilité.

Les deux principales espèces d'orge cultivées en France sont l'orge à six rangs ou escourgeon, et l'orge distique ou pamelle à deux rangs. La première se sème avant l'hiver, la deuxième au printemps : son grain est très-estimé pour la fabrication de la bière.

L'orge Nampto, variété d'orge à six rangs, très-vigoureuse et très-productive, donne un grain particulièrement propre à la panification.

7. AVOINE.

L'avoine est la plus rustique de toutes les céréales; elle s'accommode, en effet, de tous les sols, excepté de ceux qui sont trop secs; elle se contente des détritus les plus grossiers abandonnés par les autres plantes; elle réussit sur les défrichements; elle vient dans les terrains tourbeux suffisamment assainis et résiste mieux que tout autre grain à une préparation incomplète du sol et à un mauvais précédent. Néanmoins, elle ne donne de produits considérables, que lorsqu'on la place dans un climat plutôt humide que sec et dans un terrain plutôt fort que léger, bien préparé, en bon état d'engrais et net de mauvaises herbes; elle rend d'autant plus, qu'on la cultive avec plus de soin dans un sol fertile.

Sur défrichements et sur marais desséchés, elle peut revenir deux fois de suite sur elle-même; elle donne souvent de beaux produits après une première céréale; nulle récolte n'utilise mieux un défriché de trèfle, de sainfoin et de luzerne. Les récoltes sarclées constituent encore pour elle un excellent précédent.

Quand on doit semer l'avoine sur un défrichement ou sur un marais desséché, on prépare le sol par plusieurs labours; sur un trèfle, un seul labour suffit; on ameublit la surface à l'aide de la herse, ou mieux encore, à l'aide du scarificateur et du rouleau.

Suivant les climats, l'avoine se sème avant l'hiver ou au printemps.

Pour l'avoine dont tous les grains n'acquièrent pas à la maturité un développement suffisant, il est essentiel de bien choisir la semence, sous peine de ne voir lever qu'une partie des grains.

On met, en général, de 3 à 4 hectolitres de semence par hectare.

Les semailles faites de bonne heure réussissent mieux, toutes choses égales, que les semailles tardives : cette circonstance contribue singulièrement à donner du poids au grain.

L'avoine semée tardivement lève inégalement, souffre davantage de la sécheresse et reste presque toujours claire.

La herse dans les terres fraîchementlabourées, le scarificateur dans les terres reprises, peuvent être employés pour enterrer la semence.

Si le sol emblavé vient à être battu par les pluies au point d'être scellé, on excite la levée de l'avoine en ouvrant le champ par un bon hersage; au contraire, le temps devient-il sec après la semaille, il y a avantage, dans les terres légères ou de consistance moyenne, à faire passer le rouleau : le tassement que procure cet instrument favorise la germination de l'avoine et contribue à la faire lever également, conditions essentielles pour les céréales semées au printemps.

Lorsque l'avoine, dans sa première végétation, est envahie par les mauvaises herbes, le hersage ne suffit pas pour dégager la récolte, il faut recourir au sarclage.

Le rouleau sur l'avoine, avant qu'elle ait tallé, a pour effet de retarder le développement en hauteur, de tasser la terre contre les nœuds inférieurs de la plante et de multiplier ses pousses latérales.

L'avoine mûrit inégalement; pour la récolter,

il faut saisir le moment où la majeure partie des grains est mûre, le reste complète sa maturation en javelle.

Le javelage rend l'avoine plus facile à battre; mais, quand on abuse de cette pratique en laissant trop longtemps la récolte étendue sur le sol, on s'expose à en perdre une partie s'il survient des pluies prolongées; les mulots en diment aussi leur part.

8. MAÏS.

Le maïs prospère mieux, sous un climat chaud, dans les terres fortes que dans les terres légères; dans ce cas, les sols argilo-calcaires profonds et riches sont ceux qui lui conviennent le mieux : sous un climat froid, il vaut mieux le semer dans une terre chaude et active.

Le maïs succède indifféremment à la plupart des plantes, mais il ne forme qu'un médiocre précédent pour le froment d'hiver.

Le sol destiné au maïs doit être préparé par plusieurs labours; il est toujours avantageux pour cette récolte de donner le labour le plus profond en automne.

Le maïs supporte une forte dose de fumier sans crainte de verser; les fumures fraîches lui conviennent ainsi qu'à toutes les récoltes sarclées.

Le climat et l'état du terrain déterminent l'époque des semailles; celles-ci ne doivent avoir lieu qu'autant que le sol a déjà été réchauffé par l'atmosphère, sous peine de voir les plantes lever tardivement et rester longtemps languissantes.

Pour semence, on doit choisir les grains les mieux nourris et, par suite, il faut rejeter ceux qui se trouvent aux deux extrémités de l'épi, comme étant souvent imparfaitement développés.

La semaille à la volée ne peut se justifier qu'autant que le maïs est cultivé comme fourrage et, même dans ce cas, il vaut bien mieux le semer en lignes : le sol reste plus propre et est moins épuisé. Le mode de semaille le plus parfait consiste à employer le semoir; dans la pratique générale, on sème le maïs en jetant, de distance en distance, deux ou trois grains dans le sillon ouvert par la charrue; 60 centimètres en tous sens forment un espacement convenable d'un plant à l'autre, lorsque le maïs doit être récolté en grains.

Le maïs veut être enterré superficiellement; un tour de rouleau dans les terres légères favorise sa germination. Peu de temps après la levée des grains, il est avantageux de donner un sarclage à la main au pied des plantes; on enlève en même temps tous les plants surnuméraires en n'en laissant qu'un seul à chaque place : cette opération, quand elle est faite dans de bonnes conditions, contribue beaucoup à imprimer une végétation vigoureuse au maïs. Dans les premiers temps de la végétation du maïs, l'espace qui sépare les lignes reçoit une ou deux cultures à la houe à cheval, suivant l'état de la terre : la deuxième façon doit être plus profonde que la première.

Dès que les plantes ont atteint 32 centimètres de hauteur, on donne un léger buttage suivi, quinze jours après, d'une semblable opération, mais plus énergique. Le buttage offre l'avantage de fortifier la tige contre les coups de vent.

Dans les sols en bon état de fertilité et lorsque l'année n'est pas trop sèche, le maïs émet souvent à son pied des rejets secondaires; ces pousses affaiblissent la tige mère et ne portent jamais que des épis rabougris : il convient de les enlever promptement; elles fournissent une excellente nourriture au bétail.

Après cette opération, le maïs ne demande plus, jusqu'à la récolte, d'autre soin que celui de retrancher les cimes lorsque la floraison est tout à fait terminée; on peut y procéder dès que les stigmates flétris sont devenus noirs; on coupe la sommité de la tige à quelques centimètres au-dessus de l'épi supérieur : l'écimage procure un fourrage de première qualité, qu'on peut faire sécher ou donner immédiatement en vert.

Pendant sa végétation, le maïs est sujet au charbon; cette maladie détruit le grain et forme des excroissances monstrueuses sur l'épi; elle se montre principalement dans les années pluvieuses; on n'a découvert encore aucun remède pour la combattre.

On reconnaît que le maïs est mûr quand les spathes ou tuniques qui enveloppent l'épi sont devenues blanches, s'entr'ouvrent et laissent apercevoir le grain : celui-ci ne s'égrène pas, aussi y a-t-il avantage à le laisser bien mûrir pour en effectuer commodément la récolte.

Dans plusieurs contrées, on hâte la maturité du maïs en lui enlevant toutes ses feuilles, alors que les tuniques sont encore vertes; mais ce résultat ne s'obtient qu'au détriment de la perfection du grain. On ne doit y songer, qu'autant que l'abaissement de la température force de recourir à une maturation artificielle : mais, ne vaudrait-il pas mieux, dans ce cas, renoncer au maïs et le remplacer par une autre plante moins avide de l'action solaire?

Le maïs coupé demande à être séché avec soin, avant d'être déposé dans le grenier. Dans les climats où l'automne est pluvieux, la petite et la moyenne culture ont coutume de retrousser les tuniques et de s'en servir pour lier plusieurs épis ensemble et les suspendre ainsi à des poutres ou sous des avant-toits; dans les contrées plus humides encore, on passe la récolte au four pour la faire sécher; mais là où la température est encore chaude en automne, on se borne à dépouiller le maïs de ses tuniques et à l'exposer sur l'aire au soleil avant de le rentrer : quel que soit le moyen qu'on adopte, il importe de n'engranger le maïs que lorsqu'il est bien sec, sans cela il est sujet à s'altérer.

Dans la grande culture, le battage du maïs s'effectue au fléau, en ayant soin que les épis forment un lit assez épais pour que les grains ne s'écrasent pas sous l'instrument; dans la moyenne, et surtout dans la petite culture, on se sert d'une tige de fer sur l'un des angles de laquelle on passe fortement les épis pour détacher les grains. L'égrenoir à maïs le plus parfait est la machine inventée à Cahors, et répandue dans un grand nombre d'exploitations du sud-ouest; on en fabrique aussi d'excellents à Nantes et à Bordeaux; ils expédient beaucoup de travail de la manière la plus satisfaisante et en ménageant les forces de l'ouvrier.

Dans les climats tout à fait propres au maïs, l'espacement qu'on donne aux plantes permet de leur associer une seconde récolte qui se développe en même temps qu'elles. La plus usitée, à cet égard, dans la petite culture, est celle des haricots nains ou des haricots grimpants ; les premiers sont moins nuisibles au maïs que les variétés qui gênent sa croissance en s'enroulant autour de sa tige. On obtient, par cette association, un second produit dont l'importance n'est pas à dédaigner quand la culture du maïs est faite avec soin. En grande culture, il vaut mieux cultiver exclusivement le maïs pour lui-même et renoncer à un produit secondaire, dont la cueillette ne peut se faire qu'à plusieurs reprises.

Les principales variétés de maïs cultivées en France sont : 1° le gros maïs jaune ; 2° le gros maïs blanc : ce dernier, plus riche en feuilles, passe pour plus épuisant ; 3° le maïs quarantain ; 4° le maïs à bec : ces deux dernières variétés ont le grain petit et jouissent de la propriété de mûrir dans l'espace de trois ou quatre mois.

9. MILLET.

La culture du millet en France est circonscrite à un petit nombre de localités. On en connaît deux espèces principales, le millet à grappes et le millet paniculé; ce dernier est généralement préféré pour son grain; l'autre fournit un meilleur fourrage, très-usité dans le département des Landes pour la nourriture des bêtes à cornes.

Tous deux veulent une terre plutôt légère que forte; ils réussissent particulièrement dans les sables gras d'alluvion.

Dans le Roussillon, là où l'on arrose, on cultive le millet paniculé en récolte dérobée, après une céréale; on le sème alors à la volée dans la proportion de 30 à 35 litres par hectare.

Il veut surtout une terre exempte de mauvaises herbes et dont la surface soit bien meuble; on le récolte quand la plupart de ses graines sont mûres. Il se coupe à la faucille.

En récolte principale, le millet se sème dès que

les gelées blanches ne sont plus à craindre ; le sol
doit être préparé avec soin et en bon état de fertilité. Le millet, pendant sa végétation, exige plusieurs binages ; le premier se donne aussitôt que
les plantes ont 6 ou 8 centimètres de hauteur : il
y aurait avantage à le cultiver en lignes ; les sarclages et les binages seraient plus faciles et moins
coûteux.

10. SORGHO.

Le sorgho se plaît dans les riches terres d'alluvion et dans le climat où réussit le maïs. On le
cultive surtout pour ses panicules, qui servent à
faire des balais ; ses graines sont recherchées pour
la nourriture de la volaille.

Le sorgho veut un sol préparé par une culture
profonde donnée avant l'hiver et suivie, au printemps, de façons qui ameublissent la surface. On
le sème à peu près à la même époque que le
maïs, en lignes espacées à 80 centimètres. Les
plantes, au premier binage, sont placées à 8 ou
10 centimètres les unes des autres. Des binages,

au fur et à mesure que l'état du sol en réclame, et un buttage dans les pays exposés à de grands vents, constituent les seuls procédés de culture qu'exige le sorgho. Lorsque ses graines sont mûres, on coupe le sommet de la tige, un peu au-dessous de la panicule; on extrait le grain: le pied de la plante reste en terre pour être arraché plus tard et servir ensuite de litière ou de combustible. Le sorgho est une culture des plus lucratives lorsqu'on a l'écoulement facile des balais.

Dans ces dernières années on a essayé avec plus ou moins de succès la culture du sorgho à sucre; cette plante, très-puissante, exige un sol de première qualité ou, du moins, très-fortement fumé ; elle donne un bon fourrage, particulièrement goûté par le gros bétail.

II. SARRASIN.

Le sarrasin est, avec le seigle, la plante par excellence pour les terrains légers et pauvres; il a, en outre, la propriété de nettoyer le sol mieux

que toute autre plante et de croître promptement,
ce qui en fait une précieuse récolte intercalaire.
Malheureusement, ces avantages sont contre-ba-
lancés par l'incertitude de sa réussite ; celle-ci dépend entièrement des circonstances atmosphériques
qui accompagnent sa végétation. La sécheresse
l'empêche de s'élever ; les vents secs arrêtent son
développement ; la pluie fait tomber ses fleurs ; la
moindre gelée blanche le tue ; aucun grain, en un
mot, n'est plus casuel et ne se montre plus indé-
pendant, dans son produit, du mode de culture
auquel on l'a soumis.

Le sarrasin vient de préférence dans les sols
légers et chauds que baigne une atmosphère
humide. En récolte principale, on prépare le
terrain par plusieurs labours ; en culture dérobée, il suffit d'un ou deux coups de charrue
suivie de hersages pour bien ameublir la surface
du sol.

Les semailles ont lieu quand les gelées du printemps ne sont plus à craindre ; on sème dans la
proportion de 80 à 100 litres par hectare ; la semence doit être recouverte légèrement, la herse
suffit pour l'enfouir.

Le sarrasin veut une température sèche aussitôt après la semaille ; mais, dès qu'il a émis sa troisième feuille, il lui faut de la pluie pour se développer avant l'apparition de la fleur : il n'exige aucun façon pendant sa végétation.

Sa maturité s'effectue très-inégalement ; c'est pourquoi on le récolte quand la plupart des grains sont mûrs.

On coupe le sarrasin avec la faux ou la faucille ; pour le faire sécher on le lie en petites gerbes qu'on dresse les unes contre les autres en plaçant le grain en haut et en donnant assez de pied à la base pour que l'air circule librement entre les gerbes ; dans cet état, le grain achève parfaitement sa maturation, lorsque la température n'est pas humide.

Indépendamment du sarrasin ordinaire, on en cultive encore, dans certaines localités, une autre espèce, le sarrasin de Tartarie, moins sensible au froid, mais aussi fournissant un grain moins estimé.

Le sarrasin peut être cultivé comme fourrage vert. Par suite de sa végétation peu fourrée, il est éminemment propre à abriter de jeunes semis de

prairies artificielles, tels que trèfle, luzerne, sainfoin, etc. C'est une des plantes les plus précieuses
pour être enfouies en vert; on ne l'utilise pas
assez dans ce but sur les terres pauvres placées
dans un climat humide.

LÉGUMES FARINEUX

**1. Fèves. — 2. Pois. — 3. Haricots. — 4. Lentilles.
5. Pois chiches.**

Après les céréales, les légumes farineux sont les grains les plus importants comme ressource alimentaire pour l'homme ; leur farine, impropre à la panification, contient une forte proportion d'amidon, de gluten et d'albumine ; leurs fanes fournissent une bonne nourriture au bétail ; leur culture s'allie très-bien avec celle des céréales ; ils sont peu épuisants, en général, et s'intercalent facilement dans les assolements.

Les légumes farineux cultivés en plein champ, sont : les fèves, les pois, les haricots, les lentilles et les pois chiches.

1. FÈVES.

Les fèves prospèrent dans le sol qui convient au froment ; elles réussissent dans les sols argileux tenaces et contribuent singulièrement à les ameublir ; aussi préparent-elles mieux que toute autre plante à recevoir du blé.

Les fèves, dans le sol qui leur est propre, peuvent se succéder à elles-mêmes pendant plusieurs années lorsqu'on leur applique l'engrais et les façons qu'elles exigent. Elles donnent de riches produits sur des trèfles et des pâturages rompus.

Les fèves supportent une fumure fraîche, mais elles préfèrent le fumier à demi décomposé.

Suivant les climats, les fèves se sèment avant l'hiver. Dans le premier cas, on déchaume aussitôt après la récolte enlevée, on donne ensuite un labour profond, suivi, plus tard, d'un labour superficiel pour enfouir la semence : ce dernier labour devrait être précédé de hersage si la surface du terrain ne se trouvait pas suffisamment meuble.

Lorsqu'on sème les fèves après l'hiver, il est essentiel de donner un labour profond dès l'automne.

Quelle que soit l'époque de la semaille, il importe de la faire de bonne heure ; la plus hâtive est la meilleure, soit afin que les fèves prennent assez de force, en automne, pour passer l'hiver, soit afin qu'elles puissent résister aux sécheresses, si on les sème au sortir de la mauvaise saison.

La semaille en ligne est la seule qui convienne pour s'assurer une bonne récolte de fèves.

On sème sur le sillon ouvert par la charrue, dans la proportion de 130 à 140 litres par hectare ; les plantes peuvent être placées à 5 ou 6 centimètres les unes des autres, les lignes étant espacées à 65 centimètres.

Il est souvent avantageux de faire passer la herse sur les fèves avant de leur donner un premier binage. Pendant leur végétation, on les bine avec la houe à cheval, en approchant autant que possible des plantes ; le dernier binage doit s'effectuer avant la floraison. L'écimage appliqué aux fèves a pour effet principal d'arrêter la croissance continue de la sommité des tiges et de faire refluer la sève sur les gousses déjà nouées ; on obtient ainsi une maturation plus précoce et plus égale : on écime lorsque les gousses inférieures commencent à se former.

Les fèves se récoltent lorsque la plus grande partie des gousses est devenue noire. Après les avoir coupées, on les laisse pendant plusieurs jours en andains, on les lie ensuite en petites gerbes qu'on fait sécher en les dressant les unes contre les autres, les pieds étant écartés et les têtes réunies par un lien de paille.

On connaît en France deux espèces de fèves : l'une a la graine très-développée et est employée à l'alimentation de l'homme, c'est la fève ordinaire ; l'autre, connue sous le nom de *féverole*, est plus spécialement appliquée à la nourriture du bétail : toutes deux se cultivent de la même manière.

2. POIS.

A l'inverse des fèves, les pois aiment mieux un terrain sec qu'humide ; ils se plaisent surtout dans les sols de consistance moyenne contenant du carbonate de chaux.

Ils réussissent après toute espèce de récoltes.

Les pois viennent mal dans une terre en partie épuisée, ils achèvent de lui donner le coup de grâce : leur produit est en raison de la fertilité qu'ils trouvent dans le sol, lorsque la température favorise leur végétation.

Si la semaille a lieu avant l'hiver, il faut préparer le sol par plusieurs labours ; lorsqu'on ne sème qu'au printemps, il est avantageux de donner un labour profond dès l'automne ; il suffit alors, au sortir de l'hiver, de la herse et de l'extirpateur pour procurer au sol l'ameublissement convenable.

Ainsi que les fèves, les pois doivent être semés aussitôt que possible : cette condition de réussite est d'autant plus rigoureuse, que le sol et le climat sont plus secs.

On sème souvent les pois à la volée ; la semaille en lignes est préférable, elle rend les binages plus expéditifs et plus économiques, et assure davantage un bon produit en grains. On sème à raison de 2 hectolitres par hectare à la volée ; il suffit de 110 à 120 litres quand on emploie le semoir, les lignes étant à 55 ou 60 centimètres les unes des autres.

Les semis à la volée se trouvent toujours bien d'un coup de herse au moment de la levée des pois ; on ne les bine pas, en général, pendant la végétation. Il n'en est pas de même des semis en lignes ; il faut biner et répéter les binages à la houe à cheval chaque fois que les mauvaises herbes se montrent ou que le sol se durcit, jusqu'à ce que la récolte soit assez épaisse pour couvrir complétement le sol.

Le moment le plus favorable pour récolter les pois est celui où la plupart des gousses inférieures sont mûres. Les pois coupés, on les laisse sur le sol ; lorsqu'ils sont suffisamment fanés, on les rassemble en tas, et on les rentre lorsqu'ils ont achevé de sécher ainsi au soleil. Cette récolte est très-sujette à s'égrener.

Les pois, comme plante alimentaire pour l'homme, ne sont guère que du ressort de la petite culture ; dans les grandes exploitations, on cultive fréquemment, comme plante fourragère, le pois gris ou bisaille. On le sème toujours à la volée, on le herse à sa levée et on le récolte quand le grain est formé en partie. Cette espèce s'accommode très-bien d'une fumure en couverture, quand on n'a pu enfouir l'engrais avant de semer.

3. HARICOTS.

Les haricots ne sont cultivés que dans la petite et moyenne culture ; c'est aux variétés naines qu'on donne la préférence en plein champ.

Dans un climat humide, une terre plutôt légère que forte, dans un climat sec une terre à froment bien ameublie, sont les sols qui conviennent aux haricots.

Ils préfèrent un vieil engrais à une fumure frache. Ils supportent mieux la sécheresse et la chaleur que le froid et l'humidité. Le terrain, pour cette culture, est ordinairement préparé par plusieurs labours ; il est essentiel que la surface soit bien ameublie. La plantation en lignes est la seule qui mérite d'être adoptée. Les plantes doivent être placées à 5 ou 6 centimètres les unes des autres, les lignes laissant entre elles un intervalle de 50 à 60 centimètres.

Les semailles s'effectuent lorsqu'on n'a plus à craindre les gelées tardives.

Les haricots reçoivent ordinairement deux binages dans le cours de leur végétation ; le premier se donne quand les premières feuilles commencent à se développer.

Lorsque la maturité est arrivée, on arrache les haricots à la main ; on les place sur le sol, la tête en bas et les racines en haut, et on les laisse ainsi exposés pendant plusieurs jours à l'air ambiant : quand leur dessiccation est achevée, on les lie en bottes et on les charrie sur des voitures garnies de toile.

4. LENTILLES.

Encore une plante de petite et de moyenne culture; on en connaît deux variétés, la lentille à gros grains et celle à petits grains. Les sols où les pois réussissent, et même les terres un peu légères, conviennent aux lentilles. Elles réussissent surtout dans les sols volcaniques.

Elles aiment à trouver dans le sol un engrais déjà décomposé, et veulent un labour profond.

Dans la Haute-Loire, les lentilles sont cultivées en lignes espacées de 30 à 35 centimètres; on leur donne une ou deux façons pendant leur végétation. Dans les autres parties de la France, on sème ordinairement les lentilles par touffes ou paquets, dans la proportion de 200 à 250 litres par hectare. Elles ne réussissent qu'autant que le sol est maintenu constamment meuble et net de mauvaises herbes autour d'elles.

On les récolte de la même manière que les haricots. Le mylabre les attaque souvent.

5. POIS CHICHE.

Le pois chiche est une plante dont la culture est bornée aux pays méridionaux; il se plaît dans les terres sèches suffisamment ameublies, et réussit très-bien dans les sols calcaires graveleux.

On le sème dans une terre préparée, en général, par plusieurs labours.

Le pois chiche doit être semé en lignes espacées de 50 à 60 centimètres environ les unes des autres, les plantes laissant entre elles une distance de 10 à 15 centimètres. On donne le premier binage dès que la plante a atteint 2 ou trois centimètres de hauteur; la dernière façon doit avoir lieu avant la floraison. On le récolte quand il est bien mûr. Les pois chiches constituent une excellente nourriture pour l'homme.

RÉCOLTES-RACINES

1. Pommes de terre. — 2. Betteraves. — 3. Carottes. 4. Navets. — 5. Rutabagas. — 6. Topinambours.

Sous ce nom, on comprend certaines plantes dont le tubercule ou la racine forme le principal produit et sert à l'alimentation de l'homme ou des animaux.

Consommées par le bétail, les récoltes-racines reproduisent une quantité d'engrais supérieure à celle qu'elles ont absorbée; sous ce rapport, elles exercent déjà une influence heureuse sur le sol en accroissant sa fertilité. Elles ont encore d'autres avantages. Les binages et buttages soignés qu'elles exigent, laissent le terrain dans un état remarquable de netteté et d'ameublissement, ce qui constitue une véritable préparation pour les récoltes ultérieures dont elles augmentent les produits. Elles s'intercalent heureusement dans les rotations; elles divisent le travail d'une manière plus égale entre les diverses époques de l'année; elles répartissent les chances fâcheuses sur un plus grand nombre de récoltes en prenant place dans l'assolement; elles fournissent une nourriture fraîche au bétail pendant l'hiver et, par leurs produits **abondants**, deviennent de puissants auxiliaires des céréales pour l'alimentation de l'homme. Ces bienfaits incontestables leur assurent donc un rôle important dans l'économie rurale, et c'est avec raison qu'on les regarde comme des *récoltes améliorantes*, pouvant, dans certains cas, restreindre l'étendue de la jachère.

Mais il s'en faut que leur culture ne rencontre pas souvent des difficultés dont il serait imprudent de ne pas tenir compte. C'est ainsi que les récoltes-racines, par suite de travaux considérables de main-d'œuvre qu'elles réclament, sont presque impossibles dans un pays où la population est rare; leur culture doit être abordée avec une extrême réserve, sinon même ajournée, toutes les fois qu'on a affaire à un sol pauvre et qu'on ne dispose pas d'une grande masse d'engrais. Et, même en supposant un terrain favorable et déjà pourvu d'une fertilité suffisante, on ne doit s'y livrer, sur une grande échelle, qu'autant que la consommation intérieure de l'exploitation ou que des débouchés faciles justifient son extension : agir contrairement à ce principe fondamental, ce serait s'exposer à des mécomptes, et transformer en cause de perte une culture qui, renfermée dans de justes bornes, placée dans de bonnes conditions et généreusement traitée, imprime un vigoureux essor à la marche de l'exploitation.

Les récoltes-racines le plus généralement répandues en France, sont : la pomme de terre, la betterave, la carotte, les navets, le rutabag et les topinambours.

1. POMMES DE TERRE.

Do toutes les récoltes-racines, la pomme de terre est sans contredit la plus précieuse, car ses produits abondants nous mettent en quelque sorte à l'abri de la disette. Il existe un grand nombre de variétés de ce tubercule, mais toutes peuvent être rapportées à trois grandes divisions : les *patraques*, tubercules ronds, pourvus d'yeux nombreux et apparents ; les *parmentières*, tubercules allongés ou déprimés, munis d'un petit nombre d'yeux ; les *vitelottes*, tubercules allongés ou oblongs, garnis d'yeux nombreux, très-enfoncés : ces variétés se distinguent, en outre, en pommes de terre hâtives ou tardives, selon l'époque de leur maturité ; la section des patraques renferme, en général, les variétés les plus productives, ainsi que celles qui conviennent le mieux à la grande culture.

La pomme de terre réussit dans toute espèce de terrains, excepté dans ceux qui sont trop compactes ou trop humides ; elle vient même dans les sols les plus légers, pourvu qu'ils soient abondamment fumés ; mais son terrain de prédilection, sous un climat frais, est un sol d'alluvion plutôt léger que compacte ; sous un climat chaud, ses produits sont en raison directe de la fraîcheur naturelle ou artificielle du sol : toutes choses égales, les terrains légers sont ceux où ce tubercule acquiert le plus de qualité.

La pomme de terre s'arrange aisément de toute espèce de place dans la rotation, pourvu que le sol se trouve en bon état de fertilité ou qu'on puisse le fumer énergiquement; elle réussit particulièrement sur défrichement. Mais, si elle succède indifféremment à toutes sortes de plantes, il s'en faut que toute espèce de récoltes vienne impunément à sa suite. Dans la plupart des cas, la pomme de terre forme un mauvais précédent pour les céréales d'hiver, par suite de leur récolte tardive et de l'état de soulèvement où elle laisse le sol; les céreales de printemps, au contraire, prospèrent merveilleusement après cette culture.

Le sol destiné à la pomme de terre doit être préparé par plusieurs labours, dont un au moins très-profond, afin que les tubercules puissent se développer dans une couche de terre meuble et fraîche; suivant la nature du sol, le labour profond a lieu avant ou après l'hiver.

La pomme de terre supporte sans inconvénient

une forte fumure, elle en profite sous quelque état qu'on la lui applique. Dans les sols tenaces, le fumier long; dans les terres légères, le fumier court et le parc sont préférables. On peut fumer soit avant, soit après l'hiver, ou même au moment de la plantation : si l'on plante de très-bonne heure dans un pays froid, il est avantageux d'appliquer la fumure par-dessus aux pommes de terre déjà enfouies, mais ce procédé rend les binages et les buttages difficiles, surtout quand on ne les exécute pas à la main.

Le choix de la semence est de la plus haute importance dans la culture de la pomme de terre. Bien qu'à la rigueur il suffise d'un seul œil pour reproduire la plante, on s'expose au danger de voir une partie de la récolte manquer ou ne donner que des produits chétifs, sujets à dégénérer ou à être envahis par les maladies, lorsqu'on emploie comme reproducteurs des tubercules divisés en plusieurs morceaux. Toutes circonstances égales, l'abondance de la récolte dépend du volume des tubercules reproducteurs; elle est d'autant plus faible, que ceux-ci sont plus petits ou plus divisés.

La plantation la plus usitée dans la grande culture est la plantation à la charrue ; on place les tubercules dans l'angle formé par le fond du sillon et la tranche renversée par la charrue, en appuyant la semence contre cette tranche. Suivant l'espace qu'on veut laisser entre les lignes, on dépose les tubercules de deux en deux sillons ou dans chaque troisième raie si le labour est étroit ; 70 centimètres entre chaque ligne et 30 à 33 centimètres d'un plan à l'autre, sont les meilleures distances à observer dans la plupart des cas.

Lorsque les pommes de terre commencent à se montrer hors de terre, il est avantageux, en général, de faire passer la herse soit pour rompre la croûte du sol, soit pour détruire les mauvaises herbes.

Le binage des pommes de terre ne saurait s'effectuer plus rapidement et plus économiquement qu'à l'aide de la houe à cheval ; cette opération devient moins nécessaire lorsqu'on a déjà fait passer la herse sur les pommes de terre levées.

Le buttage peut s'effectuer en une seule fois,

à l'époque où la pomme de terre est sur le point de fleurir; mais il est bien plus complet lorsqu'on l'exécute en deux fois. On devance alors un peu l'époque du buttage; la première fois, on fait pénétrer l'instrument à 8 ou 10 centimètres de profondeur lorsque les plantes ont atteint 28 ou 30 centimètres de hauteur; quinze jours après cette première façon, on butte une seconde fois et plus énergiquement, de manière à envelopper les tiges sur les deux tiers de leur élévation. On reconnaît que ce buttage a été bien exécuté lorsque la terre, relevée des deux côtés de l'ados, ne forme qu'une arête au sommet qu'occupent les têtes de pommes de terre.

Les binages et buttages constituent les seules opérations que réclame la pomme de terre pendant sa végétation. Il est bon de faire observer que le buttage ne convient pas à toutes les variétés de pommes de terre; il en est qui ne veulent pas être remuées pendant la formation de leurs tubercules. On se contente, dans ce cas, de biner chaque fois que le sol le réclame.

Le flétrissement des fanes et leur couleur jaune indiquent ordinairement la maturité des pommes de terre, c'est-à-dire le moment où les tubercules ont acquis une égale consistance et se détachent sans peine des racines. La récolte peut s'effectuer soit au moyen d'une fourche ou trident, soit à l'aide d'un buttoir qu'on fait passer au milieu des lignes occupées par les pommes de terre. Il est bon de laisser les tubercules se ressuyer à l'air pendant quelques heures avant de les rentrer.

Si la récolte est peu importante, on peut la loger dans des caves, des celliers ou tout autre lieu à l'abri de la gelée; mais lorsqu'elle est considérable, il faut nécessairement recourir aux silos permanents ou temporaires : ces derniers ont l'avantage d'épargner des frais de magasins spéciaux toujours dispendieux. On procède, ainsi qu'il suit, à la construction des silos temporaires : dans un sol à l'abri de l'humidité, on creuse une fosse allongée, plus ou moins profonde; on en garnit le fond et les côtés d'une bonne couche de paille bien saine, on la remplit de pommes de terre jusqu'au niveau du terrain; parvenu à ce point, on entasse les tubercules au-dessus du sol, en donnant aux tas la forme

d'une toiture à deux pans. La récolte ainsi amon-
celée est recouverte avec soin d'un lit de paille
serrée, garnie extérieurement d'une couche de
terre suffisamment épaisse et fortement battue.
Ces silos temporaires ainsi établis avec soin
préservent très-bien la récolte des atteintes du
froid.

Les principales maladies qui affectent la
pomme de terre sont la *frisolée*, par suite de
laquelle les feuilles et les tiges se rident et se
recoquillent, ce qui empêche la plante de se
développer : on ne connaît aucun remède efficace à lui opposer. Il en est de même de la maladie bien autrement grave, connue seulement
depuis quelques années, et désignée sous le
nom de *maladie de la pomme de terre*, affection
qui se trahit pendant la végétation de la plante
par le dépérissement des tiges et des feuilles, et
qui, une fois passée dans les tubercules, devient
contagieuse et entraîne la destruction rapide de
la fécule. Tous les remèdes indiqués comme pré-
servatifs sont restés jusqu'ici infructueux. On a
seulement constaté que les variétés hâtives résistent mieux à la maladie que les autres. On

arrète la contagion sur les tubercules malades en exposant à la vapeur du soufre la récolte renfermée dans une pièce bien close; les parties saines demeurent ainsi préservées; mais les tubercules, tout en conservant leur faculté alimentaire pour l'homme et les animaux, ne sont plus aptes à la reproduction. Le choix d'un terrain sain et bien fumé, l'emploi d'une semence de bonne qualité, renouvelée au besoin, d'énergiques fumures, des cultures judicieusement appliquées, sont encore les meilleurs moyens dont on puisse faire usage pour se défendre contre la maladie de la pomme de terre.

2. BETTERAVES.

On connaît plusieurs variétés de betteraves. La plus anciennement cultivée est la betterave champêtre ou *disette*, à racine oblongue croissant presque entièrement hors de terre.

Les plus recherchées dans la fabrication du sucre sont la betterave à collet vert ou de Silésie, dont la racine s'enfonce le plus avant dans le sol; la globe jaune et la globe rouge, remarquables par leur densité et la perfection de leur forme, semblable à celle d'une bombe. Leur racine s'enterre à moitié dans le sol.

Plus les betteraves s'enfoncent dans le sol, plus elles sont riches en sucre.

Les terres à blé, de consistance moyenne et fraîches, sont celles qui conviennent le mieux à la betterave; cette plante, du reste, s'accommode de tous les terrains, pourvu qu'ils aient du corps, qu'ils soient profonds, ne souffrent pas de l'humidité et qu'ils soient en bon état de fertilité.

Le sol doit être préparé par plusieurs labours, dont un profond donné autant que possible avant l'hiver; au printemps, le travail de l'extirpateur vient puissamment en aide à celui de la charrue.

La betterave veut un terrain riche ou du moins fortement fumé pour prospérer.

On sème sur labour frais et dans un sol dont la surface a été préalablement ameublie par des hersages et des roulages répétés, dès que les gelées ne sont plus à craindre.

Dans la plupart des cas, la semaille en lignes doit être préférée comme plus régulière et rendant les menues cultures plus faciles et plus économiques. La distance à observer entre les lignes varie de 50 à 65 centimètres, les plantes dans la ligne doivent être à 40 centimètres les unes des autres.

La levée est souvent un temps critique pour la betterave. Cette plante est alors sujette à être attaquée par l'altise; le seul moyen de la soustraire à ses ravages est de lui imprimer, dès sa naissance, une prompte végétation. Aussitôt donc que la plante aura émis sa troisième feuille, on lui donnera une première façon destinée à la dégager des mauvaises herbes et à rompre la croûte du sol autour d'elle; peu de temps après ce premier binage, qui doit forcément s'effectuer à la main, il convient d'éclaircir : tout délai apporté à cette opération capitale compromet l'avenir de la récolte.

La betterave, pendant le cours de sa végétation, exige ordinairement plusieurs binages. L'état du sol et de la température, la vigueur de la plante, sont les meilleurs guides à suivre pour le nombre et l'opportunité de ces façons qu'on donne fort économiquement avec la houe à cheval. Toute chance d'accidents écartée, le produit de la récolte est en raison directe du soin et de l'à-propos avec lesquels les binages ont été exécutés; on les cesse lorsque les plantes ont acquis assez de développement pour couvrir, par leur feuillage, l'intervalle qui sépare les lignes. A compter de cette époque jusqu'à la récolte, les betteraves ne réclament plus aucun soin. C'est ordinairement pendant cette période que beaucoup de cultivateurs effeuillent la récolte, afin de se procurer une nourriture fraîche pour leur bétail ; mais cette soustraction anticipée d'un organe essentiel de nutrition appauvrit la richesse saccharifère de la betterave sans compensation équivalente, surtout lorsque, au lieu de se borner à enlever les feuilles les plus inférieures, on ne laisse à la betterave que ses feuilles les plus centrales.

L'arrachage des betteraves se pratique de même que pour les pommes de terre; une fois séparées du sol, on décollète les racines, on les laisse se ressuyer pendant quelques heures, puis on les emmagasine. Elles se conservent fort bien dans des silos temporaires construits comme ceux destinés à loger, au-dessous du sol, la récolte des pommes de terre.

Les betteraves porte-graines doivent être prises parmi les racines de moyenne grosseur à peau nette, à racine droite et non fourchue, et représentant le mieux le type de la variété à laquelle on donne la préférence. On les tient, pendant l'hiver, dans un lieu à l'abri des gelées, et on les met en place au printemps dans un sol bien préparé, à un mètre les unes des autres. Pendant leur végétation, elles réclament des binages de même que les autres betteraves ; dès que les tiges sont bien développées, on leur donne des tuteurs, et on les tient évasées à l'aide d'un cerceau. La graine mûre, on coupe les tiges et on les serre dans un endroit abrité, en attendant qu'on procède au battage.

3. CAROTTES.

Considérée comme récolte fourragère, la carotte est la plus importante des récoltes-racines ; aucune ne l'égale en qualité pour la nourriture du bétail.

On connaît plusieurs variétés de carottes dans la culture en plein champ : la plus estimée pour son rendement est la carotte blanche à collet vert dite aussi *carotte de Flandre.*

La carotte exige un sol profond, plutôt léger que fort, mais surtout homogène dans sa composition ; les terrains formés de couches de diverses natures ou encombrées de pierres, arrêtent le développement de la racine et souvent la font bifurquer.

La carotte peut être cultivée en récolte principale ou en récolte dérobée.

Dans le premier cas, qui est aussi le plus usité, on prépare la terre par plusieurs labours : les labours de défoncement à l'aide d'une charrue qui fouille le fond du sillon sans le ramener à la surface, sont fort avantageux pour cette plante éminemment pivotante.

La graine doit être enterrée très-superficiellement et confiée à un sol en parfait état d'ameublissement et bien fumé.

En récolte principale, la semaille en lignes est préférable à toute autre ; on fait ainsi une notable économie sur les frais de sarclage et de binage qui rendent la culture de la carotte très-coûteuse.

Les lignes peuvent être espacées de 50 à 60 centimètres.

Dès que les carottes se montrent hors de terre, il est indispensable de leur donner un premier sarclage à la main ; on peut se borner alors à enlever l'herbe des lignes occupées par les plantes ; plus tard, on fait passer la houe à cheval dans l'intervalle qui les sépare.

Les plantes bien levées, on éclaircit en plaçant les carottes à 15 centimètres les unes des autres.

Biner et sarcler constituent les seules façons à donner pendant la végétation des carottes ; mais, telle est l'importance de cette main-d'œuvre, que de son exécution dépend en grande partie le succès de la récolte.

Cultivées en récolte dérobée, les carottes se sèment dans une céréale ou bien aussitôt après son enlèvement; dans ce dernier cas, si le sol est net de mauvaises herbes, il suffit, pour toute préparation, d'un coup d'extirpateur suivi de la herse et du rouleau. Les carottes semées dans une céréale supportent très-bien l'action de la herse; cette première façon économique doit être, le plus souvent, complétée par un binage.

L'arrachage des carottes s'effectue de même que celui des betteraves et à peu près vers la même époque; on peut aussi les conserver pendant tout l'hiver en terre pour ne les récolter qu'au fur et à mesure des besoins; mais si l'on a à craindre des froids rigoureux, il faut avoir soin de les couvrir de fumier long, afin de les abriter contre les fortes gelées.

Les carottes remplacent économiquement l'avoine pour les chevaux qui ne travaillent pas en hiver : elles constituent une excellente nourriture pour les vaches et les brebis portières.

4. NAVETS.

Il est rare de voir semer chez nous les navets comme récolte principale, presque toujours on les cultive en récolte dérobée.

Les navets réussissent particulièrement dans les terres légères. Quand ils succèdent à une céréale, on prépare la terre par un labour ou mieux par un coup d'extirpateur, suivi de hersages si la surface du sol a besoin d'être ameublie. On sème à la volée dans la proportion de 3 à 4 kilogrammes de graines par hectare. Les navets, pendant leur végétation, ne demandent qu'à être éclaircis et binés ; plus les binages sont répétés et donnés à propos, plus la récolte est abondante. Les circonstances atmosphériques exercent une grande influence sur la réussite de cette plante.

Les navets doivent être arrachés avant les froids. Ils se conservent mal en silos, aussi préfère-t-on les étendre par couches peu épaisses dans un lieu sec ; c'est par cette racine qu'on commence, en général, la consommation fraîche d'hiver.

5. RUTABAGAS.

La rutabaga exige un sol riche et un climat humide pour réussir; les terres fortes lui conviennent. Cette plante étant fort sujette à être détruite par l'altise, il est préférable de la semer d'abord en pépinière pour la transplanter ensuite en lignes.

Le sol destiné à servir de pépinière doit être défoncé, fortement fumé et préparé comme une terre de jardin; il importe, en effet, d'obtenir une végétation prompte et robuste pour échapper le plus tôt possible aux ravages des insectes et se procurer un plan vigoureux.

La transplantation peut avoir lieu quand le plant a atteint la grosseur du petit doigt. Le champ destiné à le recevoir doit avoir été préparé par plusieurs labours et se trouver en bon état de fumure; le moment de la transplantation arrivé, on trace avec le rayonneur des lignes à 80 centimètres les unes des autres; un homme, muni d'un

plantoir, pratique des trous de 50 à 60 centimètres, une femme y dépose le plant de rutabaga,
en ayant soin de serrer avec son pied la terre autour du collet de la plante. Le point important
dans la transplantation consiste à ne point laisser
de vide au collet de la plante ni à l'extrémité de
sa racine ; sa reprise dépend de cette attention ;
toute racine qui dépasserait la longueur du plantoir doit être écourtée avant d'être mise en place.
On peut aussi procéder à la transplantation en appuyant le plant contre la bande de terre renversée
par la charrue.

Le rutabaga transplanté ne tarde pas à reprendre, surtout quand il se trouve favorisé par l'humidité de l'atmosphère. Il faut, sans délai, lui
donner une première façon à la houe à cheval,
afin d'ameublir le sol et d'y attirer par ce moyen
la fraîcheur ; on y revient chaque fois que la
terre menace de se durcir ou que les mauvaises herbes commencent à envahir le champ ;
on complète l'opération en faisant sarcler à
la main les lignes de rutabagas. Cette plante
peut être buttée. Un seul buttage peut suffire,
mais un second buttage contribue à augmen-

ter les produits ; on fait passer le buttoir un peu avant que la récolte ne couvre le sol de ses feuilles.

Le rutabaga végète jusque dans le courant de l'hiver lorsque les gelées ne sont pas trop fortes ; il est prudent, toutefois, de ne pas attendre les grands froids pour le récolter. Les silos temporaires où l'on conserve les pommes de terre ne peuvent servir pour les rutabagas. Il faut les loger dans un lieu sec où l'air ait un libre accès ; une voûte de 2 mètres d'élévation, pratiquée dans une meule en paille et ayant la forme d'un carré long, forme un excellent moyen d'emmagasiner les rutabagas.

Le rutabaga, sous un climat humide et avec une bonne fumure, prospère même dans un sol de landes.

6 TOPINAMBOURS.

Le topinambour est l'une des plantes les moins épuisantes et peut-être la plus accommodante de toutes sur la nature du sol. Il vient, en effet, dans les terrains les plus légers et dans les sols argileux. Il jouit de l'avantage de pouvoir revenir indéfiniment sur lui-même, mais avec affaiblissement de produits; il est exempt de maladies, ne craint pas la gelée, résiste très-bien à la sécheresse et fournit une nourriture abondante pour le bétail. Tant de qualités auraient dû généraliser sa culture, mais la propriété qu'il a de se reproduire par ses plus petits tubercules, et, par suite, la difficulté de l'intercaler dans les assolements, l'ont presque partout fait abandonner. Le préjugé qu'on ne peut le détruire une fois qu'il s'est emparé d'un champ, n'a rien de fondé; il suffit de lui faire succéder un fourrage qu'on fauche plusieurs fois pendant l'année pour se débarrasser de ses repousses; cette vitalité, du reste, loin d'être un inconvénient, devient une des propriétés les plus précieuses du topinambour lorsqu'on sait en profiter pour utiliser les terrains perdus, en assignant à cette plante une sole permanente, la seule place qu'elle doive occuper, en dehors de toute rotation.

Tous les sols, même les plus arides, conviennent au topinambour; il ne donne toutefois des produits abondants qu'autant qu'il se trouve dans une terre défoncée, riche ou du moins bien fumée.

La culture du topinambour est exactement la même que celle de la pomme de terre. La terre doit être préparée par plusieurs labours. Les topinambours germent et lèvent plus vite quand ils sont enterrés peu profondément. On les plante en lignes espacées à 80 centimètres les unes des autres, les topinambours se trouvant à 60 centimètres dans les lignes. Un ou deux binages à la houe à cheval et deux buttages, tels qu'ils se pratiquent pour la pomme de terre, constituent les seules façons que réclame le topinambour pendant sa végétation. Son développement le plus actif a lieu à la fin de l'été, quand la température est devenue plus fraîche ; même par les plus grandes chaleurs il résiste fort bien à la sécheresse : ses feuilles se fanent alors pendant le jour, mais il suffit de la fraîcheur de la nuit pour les relever.

La récolte du topinambour peut être différée sans inconvénient ; les tubercules, en effet, profitent encore dans l'arrière-saison et ne gèlent point en terre : cette propriété permet de ne les arracher qu'au fur et à mesure des besoins et épargne ainsi les frais d'emmagasinage. Les tiges coupées sèches servent de combustible ; fraîches, elles sont une excellente nourriture pour les bêtes à cornes et les bêtes à laine : on peut aussi les faire consommer sèches par le bétail, en les donnant hachées menues, mêlées à des pulpes.

PLANTES COMMERCIALES

1. Plantes oléagineuses. — 2. Plantes textiles. — 3. Plantes tinctoriales. — 4. Tabac. — 5. Houblon. — 6. Cardère.

On est convenu d'appeler de ce nom un groupe de plantes qui, cultivées exclusivement en vue de la vente, contribuent fort peu, par leurs produits, à la création des engrais.

Le bénéfice considérable qu'elles procurent, en général, et la valeur élevée qu'elles donnent au sol qui leur est consacré, en font le couronnement d'une culture très-développée, assez riche en engrais pour que leur portion surabondante puisse être détournée au profit des récoltes qui ne rendent rien au sol. Celles-ci ne sont donc raisonnablement possibles que dans la circonstance exceptionnelle d'un sol très-fertile, de ressources en engrais tiré du dehors, ou lorsque l'exploitation est assurée d'une reproduction abondante de fumier, grâce à un bétail nombreux et bien entretenu.

Hors de ces conditions, qui ne se rencontrent pas souvent, il serait dangereux d'entreprendre la culture des plantes commerciales sur une grande échelle; elles exigent, en effet, un sol parvenu à une haute fertilité; elles appauvrissent l'exploitation de tout le fumier qu'elles lui enlèvent sans restitution équivalente; elles réclament de fortes avances, soit pour la préparation soignée du sol, soit pour des menues cultures répétées; enfin, leurs produits, souvent placés entre le double écueil de la rareté ou de l'encombrement sur le marché, sont sujets à de grandes variations commerciales qui rendent cette spéculation fort chanceuse et partant périlleuse.

Les plantes commerciales se divisent en plusieurs sections, savoir : les plantes oléagineuses, les plantes textiles, les plantes tinctoriales; à ce groupe appartiennent encore le tabac, le houblon et la cardère.

1. PLANTES OLÉAGINEUSES.

Parmi les plantes oléagineuses se rangent le colza, la navette, le pavot et la caméline.

a. Colza.

Le colza n'exige pas un sol de première qualité ; il vient dans les terres fortes et les terres légères ; il lui suffit, pour sa réussite, de se trouver dans un terrain bien assaini et en bon état d'engrais : les sols riches d'alluvion et les bonnes terres à froment sont ceux, cependant, où il donne les meilleurs rendements.

Le colza veut un terrain bien préparé. Un labour profond assure d'autant mieux sa réussite, que le sol est plus compacte. On le sème de deux manières : à la volée ou en lignes. Cette dernière est la plus parfaite, mais elle exige généralement un premier semis en pépinière.

La transplantation a d'autant plus de chances de réussite, qu'on l'effectue avec un plant bien venu et dans de bonnes conditions. On y procède, sur labour frais, à la charrue ou au plantoir. Par le premier mode, on dépose le plant contre la bande de terre renversée, le second trait de charrue l'enterre jusqu'au collet : on ne plante ainsi que de deux raies l'une, en grande culture, afin de pouvoir exécuter les binages avec la houe à cheval. La transplantation à la charrue a le grave inconvénient de laisser, parfois, le collet trop au-dessus de terre quand le labour n'est pas fait avec le plus grand soin. La transplantation à l'aide du plantoir est à l'abri de ce défaut. Un ouvrier ouvre avec un plantoir à branche des trous dans la direction des sillons tracés par la charrue, un autre y dépose le plant en ayant soin de serrer la terre avec son pied autour de la plante : ce procédé de transplantation entraîne un surcroît de dépense.

Le colza repiqué au commencement de l'automne a rarement besoin d'être biné avant l'hiver et l'on peut, à la rigueur, se borner à tirer des rigoles d'écoulement à travers la pièce pour le préserver d'une humidité stagnante ; mais, dans une culture soignée, on a encore recours au *ruotage*, afin de placer le colza dans les meilleures conditions de réussite. Le ruotage consiste à partager le champ en planches de 4 ou 5 mètres chacune, séparées entre elles par de petits fossés ou ruots creusés à un fer de bêche en profondeur et en largeur, et aboutissant à des fossés d'écoulement; la terre qui en est extraite est répandue à travers chaque planche de colza qui se trouve ainsi exhaussée et d'autant mieux défendue contre l'humidité et contre les intempéries de l'hiver.

Le colza entre en végétation dès le premier printemps; il est essentiel, à cette époque, de ne pas attendre sa floraison pour lui appliquer un binage; on complète l'opération en faisant sarcler les lignes à la main si les mauvaises herbes s'en sont emparées.

La maturité du colza s'annonce par la couleur jaune que prennent les siliques. Le moment opportun où il convient d'y mettre la faucille doit être saisi avec une grande diligence. La déhiscence, en effet, est très-prompte lorsque la graine est arrivée à un certain degré de développement; il suffit alors d'un coup de soleil un peu vif, d'un vent violent ou de tout autre accident atmosphérique pour égrener la meilleure partie de la récolte ; aussi vaut-il mieux, la plupart du temps, couper un peu sur le vert : on complète la maturation du colza en le mettant en meule ou meulon.

Le procédé vicieux généralement répandu de laisser la récolte en javelle après l'avoir coupée, n'a, pour se justifier, qu'une main-d'œuvre plus expéditive mais chèrement payée, en définitive. La construction des meulons n'offre pas de difficultés. On place le colza de manière que le sommet des tiges regarde le centre du meulon et que leur pied soit tourné vers la circonférence ; à mesure que le meulon s'élève, on croise un peu les tiges les unes sur les autres vers le milieu du meulon ; quand il a atteint 2 mètres environ de hauteur, on l'assujettit au sommet par un lien si l'on craint les grands vents.

Le colza dont la maturité se perfectionne en meulon, acquiert plus de qualité, la graine y prend de la couleur et de la main, et devient plus riche en huile.

Le battage du colza s'effectue souvent en plein

champ. On prépare l'aire à battre en nivelant et en épierrant un coin de la pièce. On étend ensuite sur le sol une bâche sur laquelle on apporte la récolte transportée soit dans des draps, soit dans des chariots garnis de toiles. Les ouvriers extraient la graine des siliques au moyen de fléaux légers; ils la passent ensuite au crible, puis on la soumet à l'action du tarare. Une fois dans le grenier, on l'étend en couches peu épaisses et on la remue souvent, car elle est très-sujette à s'échauffer pendant les premiers temps qui suivent la récolte.

Le colza est fort exposé à être attaqué et même détruit par l'altise au moment de sa levée; on en cultive deux variétés, l'une d'hiver et l'autre de printemps.

b. Navette.

On ne cultive guère la navette que dans les terres trop pauvres pour le colza; elle a encore l'avantage de pouvoir être semée plus tard et de laisser ainsi plus de temps pour préparer le sol.

La semaille à la volée est à peu près la seule dont on fasse usage pour la navette; nul doute cependant que le semis en lignes ne lui conviendrait mieux, il rendrait les menues cultures plus économiques en remplaçant le travail à la main par celui de la houe à cheval; la masse des produits s'en trouverait augmentée.

Toutes choses égales, les produits de la navette sont inférieurs à ceux du colza, mais on les obtient presque toujours dans des conditions où le colza ne réussirait pas. Plante dont la culture est généralement fort négligée et qui, probablement, répondrait par un rendement meilleur à des soins plus judicieux.

De même que pour le colza, on cultive deux variétés de navette, l'une d'hiver et l'autre de printemps; cette dernière est plus casuelle et moins productive.

c. Pavot.

Le pavot ou œillette veut une terre riche, substantielle, profondément labourée et ameublie avec le plus grand soin à la surface : les bonnes terres à froment sont celles qui lui conviennent le mieux.

La semaille a lieu, suivant les localités, à l'automne ou au printemps; cette dernière époque est généralement préférée. Les semailles faites de bonne heure assurent davantage la récolte.

Le pavot se sème ordinairement à la volée, dans la proportion de 2 kilogrammes par hectare. La graine doit être recouverte très-légèrement.

Dès que les plantes sont levées, si l'herbe se montre dans le champ, il est nécessaire de donner un premier binage; on éclaircit lorsque les plantes ont atteint quelques centimètres de hauteur, on les espace alors à 20 centimètres en tous sens : trop serrés, ils ne produisent que de petites têtes renfermant peu de graines et de qualité inférieure.

Pendant le cours de la végétation, binez et sarclez avec soin toutes les fois que l'état de la pièce l'exige : la récolte est à ce prix.

La couleur jaune des capsules indique la maturité. On enlève alors les tiges à la main et on en forme des faisceaux liés au-dessous des têtes. Quelques jours de beau temps suffisent pour achever la maturation.

Les deux principales variétés de pavot cultivées en France sont le *pavot à fleurs blanches* et
à capsules fermées; ses graines donnent une
huile plus fine que le *pavot à fleurs rouges* et *à
capsules ouvertes.* Cette variété passe pour plus
productive que l'autre. Les capsules du pavot
blanc se battent au fléau; on extrait la graine de
l'autre variété en secouant les capsules au-dessus
d'une toile.

d. Caméline.

La caméline réussit dans les terres légères où
les autres plantes oléagineuses ne viendraient
pas. Elle résiste à la sécheresse, ne craint pas
les attaques des insectes et se contente d'une
médiocre fertilité : elle constitue donc une ressource précieuse pour les terrains maigres dont
elle porte la rente à un bon prix relativement à
leur valeur.

La caméline peut être semée pendant tout le
printemps; cependant si l'on a affaire à un climat sec, il vaut mieux la semer de bonne heure;
elle profitera alors de la fraîcheur du sol, lèvera

plus régulièrement et parviendra vite à maturité.

La caméline semée à la volée est rarement binée pendant sa végétation; mais on abuse ainsi de sa rusticité pour laisser les mauvaises herbes envahir la récolte et compromettre ses résultats ; des binages donnés avec soin ne lui seraient pas moins utiles qu'au colza et au pavot.

La récolte de la caméline se traite comme celle du colza.

2. PLANTES TEXTILES.

Les deux plantes textiles cultivées en France esont le lint le chanvre.

a. Lin.

Le lin veut une terre riche, profonde, plutôt légère que forte, parfaitement ameublie et nette de mauvaises herbes; il s'arrange mieux aussi d'un climat humide que d'un climat sec.

La préparation du sol destiné au lin ne saurait être trop parfaite. Un labour profond, appliqué, autant que possible, avant l'hiver, ne dispense pas de donner encore au printemps une ou deux autres cultures à la charrue ou à l'extirpateur; le point essentiel dans cette préparation, c'est que la surface soit complétement ameublie, le fond restant un peu ferme.

Le fumier fait convient mieux pour cette récolte que le fumier pailleux; ce dernier a surtout l'inconvénient d'apporter beaucoup de mauvaises herbes dans le sol et de rendre ainsi les sarclages plus dispendieux.

Le lin réussit bien sur un pré rompu ou sur un défrichement de prairies artificielles, mais à la condition que le sol aura été nivelé ameubli avec soin à l'aide de roulages et de hersages répétés; on peut aussi le semer avec avantage après une récolte-racine, mais en fumant énergiquement.

Dans les pays chauds, le lin se sème souvent à l'automne; dans les climats froids, on préfère ne semer qu'au printemps.

Les semailles précoces au printemps passent pour les meilleures.

Le choix de la semence est de la plus haute importance pour cette culture. Dans les contrées où elle est faite avec le plus d'intelligence, on renouvelle la semence tous les trois ans, en la tirant de Riga. Le lin, cultivé pour sa filasse, demande à être semé très-épais; on ne met pas moins de 4 hectolitres à l'hectare; la graine est enterrée à l'aide de hersages croisés, suivis, au besoin, d'un tour de rouleau. Le sarclage est la seule main-d'œuvre qu'exige le lin pendant sa végétation; on y procède aussitôt après la levée de la plante, dès que les mauvaises herbes se montrent; il faut y recourir chaque fois que l'état du sol l'exige, sous peine de compromettre le succès de la récolte.

Le lin se récolte ordinairement lorsque les feuilles et les capsules prennent une teinte jaunâtre; on l'arrache à la main, on le dispose en petites bottes liées près des têtes; on les fait sécher en les dressant sur le sol, les têtes appuyées les unes contre les autres. Cette première opération a pour but d'achever la maturation de la graine et de préparer le lin à recevoir le rouissage. On extrait la graine des capsules en frappant les têtes des bottes de lin avec un maillet.

Le rouissage peut s'effectuer de deux manières : sur pré ou dans l'eau. Par le premier procédé, on étend la récolte de lin en couches minces sur un pré ou sur un champ, et on l'y laisse, en ayant soin de la retourner à plusieurs reprises, jusqu'à ce que les fibres se séparent facilement. Le rouissage dans l'eau consiste à plonger les bottes de lin dans une eau dormante ou presque dormante; on les y maintient jusqu'à ce que la fermentation ait dissous le principe gommo-résineux qui retient les fibres unies. Ce résultat obtenu, on retire le lin de l'eau, on le dresse pour le faire sécher, ce qui exige un espace de temps plus ou moins considérable, selon que la température est plus ou moins élevée. Lorsqu'il est suffisamment sec, on le soumet aux diverses préparations du broyage, teillage, peignage, etc., qu'il exige avant d'être livré au commerce.

Le lin est considéré comme une plante très-épuisante.

b. Chanvre.

Plante éminemment propre à la petite culture, tant elle exige de conditions difficiles à rencontrer dans une grande exploitation. Le chanvre, en effet, n'est à sa place que dans un sol de première qualité, substantiel, profond, riche et frais ; sa culture, en outre, ne peut être entreprise que là où la population est nombreuse et la main-d'œuvre à bas prix. Aussi ne la voit-on le plus souvent que dans des enclos ou dans le sol exceptionnel de vallées privilégiées. Les anciens marais desséchés lui conviennent particulièrement.

Dans un sol consistant, on ne peut se dispenser de donner plusieurs labours pour la préparation du terrain ; un labour profond, utile dans tous les sols pour le chanvre, devient indispensable si l'on veut cultiver cette plante dans un terrain léger. Le sol destiné au chanvre doit être préparé avec autant de soin que la terre d'un jardin.

Le chanvre, en raison de la qualité supérieure du sol auquel on le confie, de l'énorme proportion de fumier consommé qu'il exige et de l'état de propreté où il laisse le terrain, forme un excellent précédent pour toutes les récoltes.

On attend que les dernières gelées ne soient plus à craindre pour semer le chanvre. La semence de la dernière année est préférable à toute autre, car cette graine dégénère rapidement lorsqu'elle provient de récoltes destinées à faire de la filasse; on est alors obligé de la tirer des pays où la production de la semence est l'objet de soins spéciaux. On sème sur labour frais dans la proportion de 300 litres de graines par hectare. On enterre avec la herse.

Le chanvre lève vite. Jusqu'à sa levée, on fait garder la chenevière par des enfants, ou bien on y place des épouvantails pour défendre la semaille contre l'avidité des oiseaux; une fois hors de terre, sa végétation est si rapide et il croît si touffu, qu'il étouffe toutes les mauvaises herbes. C'est pourquoi on a rarement besoin de recourir au sarclage.

La récolte s'effectue généralement en deux fois. On commence par arracher les pieds mâles aussitôt après qu'ils ont répandu leur poussière fécondante; ce chanvre fournit la filasse la plus fine. Les pieds femelles, en revanche, ayant plus d'espace pour se développer, donnent des produits plus abondants; on les arrache quand la graine est suffisamment mûre. Il est d'usage, après la récolte du chanvre, de le lier en bottes; on en retranche les racines et on le fait sécher en plaçant les tiges debout sur le sol, le pied écarté. Après l'extraction de la graine, on procède au rouissage, de même que pour le lin; le rouissage dans l'eau est généralement plus usité que le rouissage sur pré.

Le chanvre, lorsqu'on le traite avec soin, **peut** revenir indéfiniment sur lui-même.

3. PLANTES TINCTORIALES.

Les plantes de ce groupe, dont la culture est le plus répandue, sont la garance et la gaude.

a. Garance.

La garance vient sur tous les terrains qui ne souffrent pas de l'humidité, mais elle réussit particulièrement dans les sols riches en carbonate de chaux, meubles et se maintenant frais.

Un labour profond est indispensable pour la complète réussite de la garance. On enterre le fumier par le second labour donné ordinairement après l'hiver ; les façons complémentaires peuvent s'effectuer avec le scarificateur et la herse.

Les fumures de tourteaux alternées avec les fumiers d'étable conviennent très-bien à la garance.

Le terrain destiné à porter la garance se divise en planches dont la largeur varie. Dans le comtat d'Avignon, pays classique de cette culture, on leur donne depuis 1 mètre 32 centimètres jusqu'à 1 mètre 65 centimètres ; en Alsace, elles sont beaucoup plus larges ; entre chaque planche, on ménage un intervalle de

32 à 40 centimètres, dont la terre est extraite pour chausser la garance : les planches étroites sont préférables.

Le terrain ainsi disposé, on procède au semis ou à la plantation ; le semis est le plus usité ; on l'effectue de la manière suivante. On trace dans chaque planche, avec la houe à main, un sillon superficiel dans lequel on répand la semence ; la graine se trouve recouverte très-légèrement par la terre provenant du second sillon ; on procède ainsi pour toutes les planches. On met par hectare de 80 à 100 kilogr. de semence, selon qu'on a affaire à une terre vierge ou non de garance. Les terres neuves exigent moins de semence que celles qui ont déjà porté de la garance ; on sème plus dru dans les terres légères que dans les terres fortes. Les semences de l'année sont préférables, la vieille semence a souvent perdu sa faculté germinative. La plantation s'exécute en plaçant les jeunes racines dans les sillons ouverts par la houe à main, on les recouvre d'une couche de terre de 6 à 8 centimètres de profondeur. Ce procédé est pour ainsi dire exceptionnel et ne s'applique guère qu'aux terres trop creuses, où la graine germe mal.

Il est important, pour que la garance lève vite et présente une sortie vigoureuse et régulière, que la surface du terrain soit bien meuble ; si la pluie l'avait battue, il serait bon d'en briser la croûte à l'aide du rouleau.

C'est surtout pour la garance que la netteté et l'ameublissement du sol sont deux conditions indispensables. On commence les binages et sarclages dès que les jeunes plantes sont sorties de terre ; on les répète chaque fois que les herbes adventices reparaissent ou que la surface du sol se durcit.

A l'automne qui suit le semis, on creuse l'intervalle qui sépare chaque planche pour en rejeter la terre sur la garance. La plante est ainsi chaussée et se trouve, en outre, défendue contre l'humidité de l'hiver par les petits fossés de séparation qui vont se creusant de plus en plus à chaque opération de ce genre : elle contribue encore à augmenter la matière colorante des racines.

Au printemps suivant on revient au sarclage ;

il entraîne peu de frais lorsque les cultures de la première année ont été faites avec soin, car la garance pousse alors avec une grande force et ne laisse venir aucune mauvaise herbe sous son épaisse végétation.

On fauche les tiges quand la graine offre la teinte violet foncé, indice de sa maturité ; on les fait sécher, puis on les dépose dans un grenier en ayant soin de les remuer fréquemment.

A l'automne de la deuxième année, on chausse la garance de la même manière qu'on a procédé à cette opération à la fin de la première année. A la troisième année, la garance, bien réussie, n'exige aucune main-d'œuvre pendant sa végétation ; elle présente alors l'aspect d'un épais fourré, à travers lequel aucune mauvaise herbe ne saurait se faire jour.

L'extraction de la racine a lieu généralement au moyen de la bêche ou de la houe. La bêche pénètre au-dessous du point auquel la garance a étendu ses racines ; l'ouvrier brise la motte de terre soulevée par l'instrument et en dégage les racines qui s'y trouvent ; il en forme des tas et continue ainsi l'extraction jusqu'à ce que toute la garance soit tirée hors de terre : à la fin de chaque journée, on transporte dans des draps toutes les racines amoncelées en tas et on les porte sur l'aire où elles commencent leur dessiccation.

La garance se récolte au second automne qui suit le semis, soit après dix-huit mois de végétation, ou bien seulement au troisième automne qui suit le semis, soit après trente mois ; plus la garance reste en terre, plus elle se charge de principes colorants et acquiert de valeur commerciale ; toutefois, les circonstances économiques au milieu desquelles le cultivateur se trouve placé, peuvent rendre l'arrachage précoce plus profitable : en général, on arrache la garance plutôt à dix-huit mois de semis qu'après trente mois.

La garance, par suite du défoncement du terrain, de la fumure abondante qu'elle exige et de l'état parfait d'ameublissement et de netteté où elle laisse le sol, est peut-être le meilleur précédent qu'on puisse donner à la luzerne ; sa réussite est certaine après la garance, qui, bien que très-épuisante par elle-même, devient ainsi améliorante pour les récoltes qui lui succèdent.

b. Gaude.

On cultive deux variétés de gaude, l'une d'hiver l'autre de printemps.

La gaude n'est point difficile sur le sol, elle réussit même dans les terrains très-sablonneux, pourvu qu'ils jouissent d'une certaine fertilité. On la sème soit avant l'hiver, soit au printemps : la semaille d'automne est préférée dans beaucoup de contrées.

La préparation du sol se borne à un seul labour ou même à un simple déchaumage, suivi de hersages après une céréale, quand le terrain est net de mauvaises herbes. On sème à la volée dans la proportion de 5 à 6 kilogrammes par hectare et l'on recouvre la graine très-superficiellement, souvent même par un simple tour de rouleau. La semence nouvelle doit être préférée.

Si le sol est propre, on peut se dispenser de donner aucune façon avant l'hiver et l'on se borne alors à éclaircir les plantes en les espaçant à 16 centimètres les unes des autres en tous sens ; mais, au printemps, dès que la gaude commence à s'élever, on doit procéder au binage et au sarclage.

La gaude, semée en septembre, est ordinairement mûre à la fin de juin ou au commencement de juillet ; le moment opportun pour l'arracher, est celui où les graines du bas de l'épi prennent une teinte noirâtre et où la sommité des tiges ne porte presque plus de fleurs. On procède à la dessiccation par le javelage, ou en dressant la gaude par petits paquets sur le sol ; on l'y laisse jusqu'à ce qu'elle ait pris une teinte jaune et qu'elle soit suffisamment sèche.

On extrait la graine en battant les tiges sèches sur un drap ; elle fournit une bonne huile pour l'éclairage.

4. TABAC.

Le tabac, bien que peu difficile sur la nature du sol, croît, de préférence, sur les terres de consistance moyenne, argilo-siliceuses et argilo-calcaires, meubles et fraîches : il réussit particulièrement sur un défrichement et sur un sol écobué.

Le tabac forme un excellent précédent pour toutes les récoltes ; on peut, sans inconvénient, le faire revenir plusieurs années de suite sur lui-même, bien entendu, en le fumant chaque fois.

Le tabac supporte une forte fumure ; dans les contrées où sa culture est le mieux entendue, on fume d'abord le terrain avec du fumier d'étable et on arrose encore le tabac, pendant sa végétation, avec de la matière fécale liquide, ou bien on lui applique du tourteau.

Le sol destiné à porter du tabac doit être préparé par plusieurs labours. Le fumier est charrié en hiver, on l'enterre souvent par le premier labour, le second labour le ramène près de la surface, le troisième l'enfouit plus profondément : la herse, le scarificateur et le rouleau achèvent d'ameublir et de niveler le sol, conditions nécessaires pour la réussite du tabac.

Le tabac est toujours transplanté. Le terrain auquel on confie la pépinière doit être choisi à l'abri des grands vents, à l'exposition du midi, préparé comme une terre de jardin et fumé copieusement avec des engrais de facile absorption. On fait aussi le semis sur couches. Quelle que soit celle de ces méthodes qu'on adopte, il est indispensable de traiter le plant avec le plus grand soin pour se procurer de beaux sujets; lorsqu'ils ont de quatre à six feuilles, ils sont bons à transplanter; avant de procéder à cette opération, on arrose fortement la pépinière, afin de pouvoir arracher le plant avec plus de facilité et sans l'endommager. La transplantation se fait ordinairement sur un terrain disposé en planches; on se sert du plantoir pour mettre le plant en terre; souvent aussi on s'aide du cordeau pour rendre la plantation plus régulière. Les plantations faites de bonne heure sont les plus avantageuses; suivant l'usage des contrées et les exigences de la régie, on espace les plants tantôt à 1 mètre en tous sens, tantôt à 33 centimètres seulement dans les lignes; dans le midi de la France on couvre les plants repiqués d'une feuille, afin de les défendre contre l'ardeur du soleil pendant les premiers jours qui suivent la transplantation.

Dès que les plants commencent à reprendre, il faut donner un premier binage; on en donne un second quinze jours plus tard; on butte quand le tabac a atteint 30 centimètres de hauteur. C'est ordinairement dans l'intervalle qui sépare le dernier binage du buttage qu'on applique la deuxième fumure, engrais liquide ou tourteau.

Le but, dans la culture du tabac, étant de se procurer des feuilles larges et pesantes, on ne laisse pas la tige s'emporter trop haut, on l'arrête en la pinçant à la hauteur où l'on espère que les feuilles inférieures prendront tout leur développement; cette opération n'admet pas de retard, elle doit être faite avec le plus grand soin, dès que le tabac montre ses boutons : plus tôt le pincement est effectué, plus les feuilles en profitent; on réserve, comme porte-graines, les pieds dont la végétation vigoureuse présente le plus bel aspect, et on ne leur fait subir aucun retranchement.

Le tabac, qui a été pincé, ne tarde pas à s'emporter en jets latéraux; il est essentiel de supprimer ces pousses au fur et à mesure qu'elles se montrent à l'aisselle des feuilles, sous peine de nuire considérablement à la récolte.

Les feuilles de tabac prennent une teinte jaunâtre et s'inclinent vers la terre aux approches de leur maturité; ce moment venu, on procède à la récolte. Suivant les localités, on cueille les feuilles une à une, ou bien on coupe la tige rez terre.

Les feuilles enlevées, on les pose à terre les unes sur les autres par petits paquets; on les transporte ensuite à la ferme et, là, on leur fait éprouver d'abord une dessiccation graduée : celle-ci les amène peu à peu à une dessiccation complète, pour laquelle on emploie, au besoin, des séchoirs artificiels lorsque la chaleur naturelle du climat ne suffit pas.

5. HOUBLON.

Le houblon exige, pour sa réussite, une terre meuble, profonde et très-riche : les engrais les plus énergiques, tels que la colombine, la matière fécale, les tourteaux et les meilleurs fumiers d'étable lui sont spécialement applicables.

La houblonnière doit être placée à l'abri des grands vents, dans un sol défoncé à 50 centimètres de profondeur.

La plantation du houblon peut se faire de deux manières : en prenant des plants enracinés, qu'on met en place à l'automne, ou bien en éclatant de la souche des rejetons, qu'on met en terre au printemps, à un mètre 30 centimètres ou à un mètre 50 centimètres les uns des autres dans les lignes, celles-ci laissant entre elles un intervalle de 2 mètres. Les rejetons non enracinés, plantés au printemps, ne produisent qu'à l'automne de l'année suivante ; les plants enracinés, mis en terre à l'automne, produisent dès la fin de l'année suivante ; leur reprise est plus assurée ; ils doivent avoir 15 centimètres de longueur et être munis de plusieurs bourgeons.

Le houblon, plante grimpante, a besoin d'être soutenu pendant sa végétation. La première année de la plantation, on ne lui donne que de petites perches, mais à partir de la seconde année, il faut lui donner des tuteurs plus élevés, par exemple, des perches de 7 mètres d'élévation.

Chaque année, pendant l'hiver, on laboure à la bêche la houblonnière et l'on dépose l'engrais au pied de la plante.

Dès le premier printemps, avant que les pousses ne sortent de terre, on procède au châtrage de la plante, c'est-à-dire qu'on déchausse chaque pied, et l'on supprime les jets qui ont produit les tiges de l'année précédente. Suivant la force du pied, on laisse trois ou quatre jets. Pendant le cours de la végétation, on bine, on butte le houblon et l'on attache les pousses autour des tuteurs.

Le houblon est en pleine maturité six semaines ou deux mois après sa floraison; on reconnaît qu'il est propre à être récolté, lorsque les cônes brunissent et laissent apercevoir à la surface des écailles la poussière jaune (lupuline), d'où s'échappe une forte odeur aromatique. Un ouvrier parcourt alors la houblonnière et coupe les sommités des tiges qui se trouvent enroulées sur les tiges voisines; il coupe ensuite les tiges à 1 mètre du sol, il les enlève avec les perches et procède à la cueillette des cônes.

Les cônes, détachés de leurs tiges, sont déposés dans des paniers et portés au grenier ou au séchoir artificiel, où l'on procède à leur dessiccation : quand ils sont suffisamment secs, on les emballe dans des sacs, en ayant soin de les presser fortement.

Récolte très-lucrative parfois, mais aussi très-casuelle.

Aux approches de l'hiver, il est nécessaire, dans les climats froids, de couvrir les pieds de houblon d'une couche de terre de 33 centimètres d'épaisseur pour les préserver de la gelée.

Le miellat et les pucerons qui se montrent à sa suite, sont les deux principaux fléaux du houblon : le miellat coïncide avec la floraison du houblon et fait souvent avorter ses fleurs.

6. CARDÈRE.

La cardère ou chardon à foulon donne ses produits les plus estimés dans les terrains secs et de qualité inférieure; dans les sols profonds et riches la récolte est plus abondante, mais bien moins recherchée.

La semaille en lignes est préférable à la semaille à la volée; cette dernière rend les cultures difficiles et plus coûteuses en forçant de recourir aux façons à la main.

La cardère se sème avant l'hiver ou au printemps sur un ou deux labours. La graine doit être enterrée très-superficiellement; on la répand, en général, à la main dans la raie ouverte par le rayonneur.

Certains cultivateurs sèment aussi la cardère dans le blé d'hiver, en faisant passer de distance en distance le rayonneur dans la céréale; le blé se trouve, dès lors, détruit sur chaque ligne tracée par l'instrument et remplacé par un semis de cardère. Tant que cette plante est associée au blé, sa végétation est pour ainsi dire suspendue; mais à peine la moisson a-t-elle laissé le champ libre, que les cardères reprennent vite, grâce au binage qu'on leur donne et aux premières pluies qui leur viennent en aide; au printemps suivant, elles se développent avec rapidité. On les éclaircit avant l'hiver, en les espaçant de 30 centimètres dans les lignes.

La cardère, semée seule en automne, n'occupe le terrain que pendant une année; elle l'occupe pendant dix-huit mois quand on la sème au printemps.

On bine une première fois dès que les plantes sont bien levées; on revient à cette opération lorsqu'elles ont pris de la force, puis on éclaircit; avant les gelées, on butte pour préserver les plantes du froid.

L'écimage se pratique à la seconde année. Il consiste à supprimer, aussitôt qu'elle paraît, la tête de la plante placée à l'extrémité de la tige. Cette suppression refoule la séve dans les parties inférieures de la plante et donne lieu à la formation de jets latéraux qui, à leur tour, produisent des têtes; les têtes secondaires trop volumineuses doivent être encore retranchées; cette exubérance, toutefois, n'a lieu que dans les sols trop riches; dans les terrains consacrés ordinairement à la culture de la cardère, il est rare qu'on ait à combattre cet inconvénient; une fois le capitule supérieur enlevé, toutes les autres têtes acquièrent, sans la dépasser, la grosseur demandée par le commerce.

On récolte les cardères lorsque les têtes deviennent roussâtres. On les détache de la tige au moyen d'une serpe en ne coupant qu'à 15 centimètres au-dessus du capitule, de manière à conserver une partie du pédoncule, indispensable pour fixer la cardère aux cadres des cardes. Les têtes de cardère coupées sont disposées dans un panier, on les vide ensuite sur une bâche placée à l'extrémité de la pièce et, de là, on les porte sur l'aire ou dans un grenier pour les faire sécher. La récolte doit être étendue par couches minces et remuée souvent pendant les premiers temps de son emmagasinement; il faut avoir soin de la déposer dans un local qui ne soit ni humide ni trop sec.

Les qualités marchandes exigées des cardères

sont une tête cylindrique, pourvue de crochets recourbés et élastiques et d'une belle teinte rousse.

La cardère passe pour une plante très-épuisante.

PLANTES FOURRAGÈRES

1. Prairies naturelles. — 2. Prairies artificielles.

Ce groupe comprend une série de plantes dont l'agriculture ne saurait se passer. La terre, fatiguée par les récoltes multipliées qu'on lui demande et dont chacune lui enlève successivement ses éléments de fertilité, tendrait à s'épuiser de plus en plus et arriverait enfin à un état voisin de la stérilité, si certaines plantes n'étaient douées de l'admirable propriété d'emprunter la plus grande partie de leur nourriture à l'atmosphère et ne venaient combler le déficit en laissant dans le sol une richesse qu'elles n'y ont point originairement trouvée. Ce bienfait inappréciable, l'agriculture le doit aux plantes fourragères. L'ombre dont elles couvrent le sol, les détritus nombreux qu'elles lui abandonnent, les engrais abondants dont elles sont la source, les frais peu considérables de culture qu'elles occasionnent, l'état d'ameublissement et de propreté où se trouve le terrain qu'elles ont occupé avec succès, leur propriété d'être un excellent précédent pour toutes les récoltes, les rangent parmi les plantes les plus précieuses. Elles ne sont pas le but même de la culture, mais elles fournissent le moyen de l'atteindre de la manière la plus parfaite et la plus économique; aussi, dans les circonstances ordinaires, sans elles toute agriculture est-elle nécessairement fort incomplète; avec elles, et dans des proportions bien réglées, toute agriculture est-elle assise sur sa véritable base.

Parmi les plantes fourragères, les unes sont, de leur nature, pérennes; les autres occupent le sol pendant un certain nombre d'années; d'autres sont simplement annuelles. Les premières constituent les prairies naturelles; les autres sont désignées sous la dénomination générale de fourrages artificiels.

1 PRAIRIES NATURELLES.

Bien que les fourrages artificiels aient enlevé aux prairies naturelles une partie de l'importance qu'elles avaient, quand tout l'édifice agricole reposait exclusivement sur elles, celles-ci n'en constituent pas moins une ressource précieuse, indispensable même dans certaines circonstances déterminées. On ne saurait mieux utiliser, par exemple, les terrains pauvres, difficiles à travailler, placés sous un climat humide et dans un pays où la main-d'œuvre est rare et coûteuse. Il faut en dire autant des sols sujets à être inondés ou dans lesquels la luzerne et le sainfoin viennent mal ou sont de peu de durée. La production de l'herbe, dans ce cas, dût-on se borner à la faire pâturer, devient d'un grand secours et forme le principal élément de bénéfices qu'on demanderait en vain à des cultures en apparence plus lucratives. Et même, dans les meilleures conditions, les prairies naturelles ne sont pas à dédaigner, surtout au début d'une exploitation : elles occasionnent peu de dépenses; elles assurent, tout d'abord, la nourriture indispensable du bétail; elles laissent intact le fond de roulement et permettent de s'occuper d'améliorations urgentes qui, accroissant la fertilité du sol, le préparent à recevoir des plantes fourragères, plus exigeantes mais aussi plus productives, point de départ de l'affranchissement de l'exploitation et de son libre essor. Ajoutons que, dans tout état de cause, les prairies naturelles de bonne qualité, jouissant du bienfait de l'irrigation, ne le cèdent à aucun autre produit; elles élèvent d'une manière permanente la rente du sol à un taux auquel bien peu de cultures pourraient le porter : à ces différents titres, elles sont une des branches capitales de l'agriculture.

A part la circonstance assez rare d'un sol et d'un climat tellement favorables à la production de l'herbe, qu'il suffise d'abandonner le terrain à lui-même pendant un certain temps, pour le voir se couvrir d'excellentes plantes fourragères, l'établissement d'une prairie naturelle n'est pas l'œuvre du hasard. Il ne suffit pas, comme on le fait si souvent, de jeter des déchets de fenil dans une terre épuisée, infestée de mauvaises plantes et plus ou moins mal travaillée, pour obtenir une prairie; une telle négligence n'aboutit qu'à former des prés médiocres dont il faut acheter les médiocres résultats par plusieurs années de non-revenu; la création d'une prairie exige beaucoup d'art. Trois considérations principales doivent y présider : le choix du terrain, les graines destinées à l'ensemencer, les soins à lui donner après sa formation.

L'herbe ne prospère que dans un terrain frais et en bon état de fertilité; dans une terre sèche ou épuisée, la prairie ne donne que de pauvres résultats. Le premier soin du cultivateur sera donc de choisir la situation la plus fraîche de son domaine pour y placer la prairie; il fau ensuite préparer le sol par de bons labours, le purger complétement des plantes nuisibles, l'ameublir et le niveler avec soin, l'amener à un état suffisant de fertilité à l'aide du fumier, et le mettre à l'abri de la stagnation des eaux au moyen de fossés d'écoulement.

Un labour de 20 à 25 centimètres de profondour, suivi d'un labour plus superficiel pour enterrer le fumier, et complété par l'action de la herse et du rouleau, forme une bonne préparation pour le sol destiné à devenir prairie.

L'ensemencement peut avoir lieu à l'automne ou au printemps. Dans un climat chaud le commencement de l'automne est préférable, l'humidité de cette saison assure mieux la levée des graines ; celles-ci, à cette époque, ne sont pas exposées à être contrariées dans leur végétation par les hâles si fréquents au printemps ; elles ont, en outre, le temps de prendre assez de force à l'arrière-saison pour résister aux intempéries de l'hiver. Dans les climats froids, au contraire, on se trouve mieux de semer au printemps.

La plupart du temps, on sème les graines de pré dans une céréale. Mais, ainsi que pour toutes les plantes fourragères qui doivent occuper longtemps le sol, il serait bien plus avantageux de les semer seules, elles profiteraient ainsi exclusivement des principes fertilisants déposés dans le sol, elles jouiraient de plus d'air et de lumière, le terrain se trouverait

moins effrité et son nettoiement serait plus facile.

Du choix de la semence dépend, en grande
partie, le succès de la prairie. L'espèce et la qualité des plantes sont ici bien plus importantes
que leur multiplicité. Quelques graminées bien
choisies, associées à quelques plantes fourragères
de la famille des légumineuses, seraient infiniment préférables, dans la plupart des cas, aux
balayures de greniers employées presque partout et qui constituent un mélange grossier de
plantes dont beaucoup n'ont entre elles aucune
affinité de sol, de climat, de végétation et de
propriétés nutritives. Malheureusement le commerce n'offre souvent que des ressources incomplètes sous le rapport du choix des graines de
pré, et le cultivateur, s'il voulait faire choix
d'espèces vraiment bonnes, serait réduit à en
faire lui-même la recherche, pour se les procurer
ensuite en certaine quantité à l'aide de semis
faits en pépinière. Ce soin si important n'est
observé nulle part ; aussi rien de plus rare qu'un
pré ensemencé d'espèces dont aucune ne soit
rebutée du bétail ou même ne lui soit pas nui-

sible. On connaît par expérience, dans la famille des graminées et dans celle des légumineuses, les plantes qui forment le fond des bonnes prairies naturelles ; mais nul doute qu'il n'y ait encore bien des conquêtes à faire sous ce rapport ; les espèces les plus estimées pour la composition d'une prairie en terrain frais sont, parmi les graminées :

Le fromental ou avoine élevée (*avena elatior*), l'avoine des prés (*avena pratensis*), les houlques laineuse et molle (*holcus lanatus, mollis*), la fléole des prés (*phleum pratense*), le paturin des prés (*poa pratensis*), le paturin des bois (*poa nemoralis*), le paturin à feuilles étroites (*poa trivialis*), le vulpin des prés (*alopecurus pratensis*), l'agrostide traçante (*agrostis vulgaris*), le raygrass (*lolium perenne*), le dactyle pelotonné (*dactylis glomerata*), la flouve odorante (*anthoxantum odoratum*).

Parmi les légumineuses :

Le trèfle des prés (*trifolium pratense*), le trèfle blanc (*trifolium repens*), le trèfle hybride (*trifolium hybridum*), le lotier corniculé (*lotus corniculatus*).

Ces dernières plantes, mêlées avec les graminées ci-dessus indiquées, contribuent beaucoup à l'amélioration de la prairie en *donnant du pied* à l'herbe et, par suite, en lui conservant de la fraîcheur ; elles augmentent aussi la qualité et la quantité du foin. On sème ces graines mélangées à raison de 60 à 70 kilogrammes par hectare, les légumineuses entrant pour un sixième ou un septième dans cette proportion. Quelles que soient, du reste, les plantes auxquelles on donne la préférence pour la composition d'une prairie, elles doivent réunir ces deux conditions essentielles, d'être appropriées au sol et au climat, et de fleurir toutes à peu près à la même époque.

L'ensemencement de la prairie peut rigoureusement s'effectuer tout d'un coup ; il vaut mieux cependant semer les graines de pré en deux fois, par suite de leur pesanteur spécifique différente ; on répand d'abord les graines légères des graminées, bien mêlées entre elles, puis on sème, en croisant, les semences plus lourdes des légumineuses qu'on leur associe ; sans cette précaution, on s'exposerait à avoir certaines parties de la

prairie garnies d'un petit nombre d'espèces,
tandis que, pour son succès comme pour sa durée,
il importe que la répartition de la semence soit
faite aussi également que possible, afin qu'il y
ait une grande variété de plantes sur tous les
points. Cette opération exige l'intervention d'un
habile semeur.

Les graines de pré doivent être enterrées superficiellement ; une herse légère, un fagot d'é-
pine ou même simplement un tour de rouleau
si le sol est bien meuble et le temps frais, suffisent pour les mettre en état de germer ; le tassement du sol à l'aide du rouleau favorise toujours la levée. Si l'on avait semé dans une
céréale, il serait avantageux de ne pas attendre
la maturité de la récolte pour la faucher ; en la
coupant en vert, on éviterait l'effritement du sol
et son épuisement, on donnerait plus tôt de l'air
au jeune pré et l'on assurerait son développement à l'arrière-saison. Mais sa réussite est bien
plus certaine quand il est semé seul dans de
bonnes conditions.

Les soins à donner à la prairie consistent à la
tenir toujours bien nivelée, sans taupinière, sans

eau stagnante et nette de mauvaises herbes, à l'arroser en temps convenable, si l'on dispose d'un cours d'eau, à activer sa végétation par des engrais et à la faucher à propos. Ces soins, bien observés, assurent à la prairie une durée presque illimitée.

Pendant l'hiver qui suit l'ensemencement, le bétail ne doit point entrer dans le pré; mais, au printemps suivant, alors que l'herbe est bien enracinée, il est avantageux d'y mettre des bêtes à laine; si l'on a soin de ne pas trop charger la prairie et de la faire pâturer avec discrétion par un temps sec, la dent des animaux, loin d'être nuisible, favorise le tallement de l'herbe : leur piétinement raffermit le sol, et leurs déjections stimulent la végétation. Aucun bétail, de quelque nature qu'il soit, ne doit entrer par un temps humide dans les prés, car alors les animaux pétrissent le terrain et l'herbe pourrit dans les endroits défoncés où l'eau reste stagnante.

Le séjour des taupinières dans un pré est une preuve flagrante de la négligence du cultivateur; elles lui causent un véritable préjudice quand elles sont nombreuses, en étouffant l'herbe

sous ces amas de terre et en empêchant la faux
de raser le sol assez près. Sans doute, on ne peut
pas toujours éviter que les taupes s'introduisent
dans le pré; mais il est facile de leur faire la
chasse et surtout d'empêcher leurs taupinières
de s'accumuler; on les renverse avec l'instrument appelé *étaupinoir*, lorsque l'herbe commence à s'élever; celle-ci s'en trouve en quelque
sorte chaussée : quand la prairie est soumise à
l'irrigation, il suffit d'y mettre l'eau pour en
faire disparaître les taupes. De bons fossés de
ceinture et, au besoin, des rigoles d'écoulement
lorsque la prairie offre un peu de pente, suffisent
généralement pour empêcher l'eau de séjourner
à sa surface; si le fond était mouilleux, il faudrait recourir à des moyens plus énergiques,
tels que des fossés souterrains ou le drainage; mais on suppose que ces assainissements
indispensables auront précédé l'établissement
de la prairie; s'ils avaient été négligés, il serait
urgent de les opérer le plus tôt possible, car il
n'y a à attendre qu'un foin grossier de prés
mouilleux, et les herbes marécageuses, une fois
maîtresses du sol, empêchent les bonnes espèces

de s'y établir et les chassent bien vite partout où l'eau devient stagnante.

Autant l'eau qui séjourne à la surface des prés leur est nuisible, autant celle qui leur est donnée suivant leurs besoins contribue à leur prospérité ; lorsqu'elle contient elle-même des principes fertilisants, l'irrigation est complète : c'est alors que la prairie donne les produits les plus élevés.

On ne saurait établir de règles générales pour le temps et la durée de l'irrigation, ni pour la quantité d'eau à répandre sur les prairies ; le climat, la saison, la nature du sol, etc., doivent être avant tout consultés. Il est avantageux de mettre l'eau dans les prés quand ils souffrent de la sécheresse ; on les arrose quand l'herbe est en végétation ; l'irrigation est nécessaire après chaque coupe pour exciter la pousse du regain : on cesse généralement d'arroser à la fin de l'automne, avant les gelées ; cependant il est des contrées où l'irrigation d'hiver se pratique avec avantage ; dans ce cas, il faut que l'herbe ne puisse jamais être atteinte par la gelée, sans cela elle courrait risque d'être détruite.

La prairie exige d'autant plus d'eau ou des irrigations plus répétées, que le sol est plus léger et le climat plus sec.

Les prairies qu'on peut arroser avec des eaux douées de propriétés fertilisantes, n'ont pas besoin de recevoir d'autres engrais ; mais si les eaux d'arrosage ne contiennent aucun principe qui puisse servir à la nutrition des plantes, il est indispensable de leur appliquer des fumures, telles que des cendres, des terrages, des composts, du purin ou des fumiers d'étable : ces derniers peuvent être appliqués en couverture, en hiver, ou déposés dans des fosses à travers lesquelles on fait passer l'eau destinée à arroser la prairie ; on s'épargne ainsi les frais d'épandement. On peut encore économiser cette dépense en faisant parquer le bétail sur les prés ; aucune fumure n'agit sur eux avec autant d'efficacité, surtout dans les premières années de leur formation : cette excellente méthode, trop peu usitée en France, mériterait d'être propagée.

Le sarclage, rarement appliqué aux prairies, leur est toujours utile, souvent même indispensable la première année de leur création, pour débarrasser les bonnes espèces des plantes adventices et leur assurer la possession exclusive du sol : on l'exécute avec économie au moyen de la herse. Cet instrument extirpe sans peine les mauvaises herbes annuelles ; mais d'autres plantes, comme les chardons, les patiences, certaines ombellifères, etc., exigent forcément le sarclage à la main, opération longue et coûteuse, mais à laquelle on a rarement besoin de revenir quand elle a été faite dès les premières années et que la prairie, entretenue avec soin, se trouve partout bien garnie.

L'époque à laquelle on doit récolter le foin exerce une grande influence sur la qualité du fourrage et sur l'appauvrissement du pré. Le moment le plus favorable pour faucher la prairie est celui où la plupart des plantes qui la composent sont en pleine fleur ; on s'expose à ne récolter qu'un foin très-dur et moins nutritif si l'on diffère le fauchage jusqu'à l'époque de la maturité des graines : celles-ci se forment vite, une fois la fleur venue. Le faucheur doit couper l'herbe aussi rez terre que possible, sous peine de faire perdre une partie de la récolte toujours plus épaisse au pied des plantes. La première fauchée, quand on est favorisé par le beau temps, peut ne rester en andains qu'une partie de la matinée; vers le milieu du jour, on l'éparpille avec des fourches; le soir, on la réunit en petits tas. Ce qui est fauché pendant l'après-midi doit être laissé sur le sol en andains tels que la faulx les y a couchés; le lendemain, aussitôt que la rosée ou l'humidité de la nuit est dissipée, on éparpille l'herbe comme précédemment, puis on la réunit en tas avant la nuit : tous les tas doivent être successivement ouverts et répandus chaque matin après l'évaporation de la rosée et réunis de rechef en tas plus forts, au fur et à mesure que la dessiccation s'avance, pour passer la nuit. Suivant l'état de la température, l'herbe est retournée à diverses reprises dans la journée. Dès qu'elle a été suffisamment aérée et qu'elle a perdu son humidité, on l'amoncelle en meules; elle y sue, jette son feu et y acquiert ses qualités définitives; ce résultat obtenu, il n'y a plus qu'à rentrer le foin au grenier; on peut aussi en former des meules qu'on laisse en plein air; il s'y conserve très-bien, pourvu qu'on ait eu la précaution de le tasser fortement.

Lorsque le temps se maintient beau, la fenaison ne présente pas de difficultés; il suffit, pour faire de bon foin, que l'opération marche vite, que l'herbe soit convenablement étendue, retournée et mise en meules avant qu'une trop grande dessiccation lui ait enlevé une partie de ses qualités. Il n'en est pas de même dans un climat humide ou lorsque des pluies tenaces viennent contrarier la fanage; le salut de la récolte dépend souvent, alors, de la diligence qu'on met à profiter de tous les instants favorables pour accélérer la dessiccation. « Tant que l'herbe est verte et pour ainsi dire encore vivante, dit M. de Dombasle, les pluies ne lui enlèvent aucun suc et lui font peu de tort; elle peut rester en andains pendant quelques jours, avec le soin de retourner seulement les andains, sans les étendre, si l'on s'aperçoit que le dessus jaunit; c'est le parti le plus prudent quand le temps est à la pluie. Lorsque les andains ont été étendus et que l'herbe a un commencement de dessiccation, on doit apporter le plus grand soin à éviter qu'elle soit exposée à une ondée ou à la rosée de la nuit, autrement qu'en tas; dans tout le cours de la fenaison, aucune portion d'herbe ou de foin, dans les divers degrés de la dessiccation, ne doit jamais passer la nuit étendue sur le sol, et l'on doit tout mettre en œuvre pour éviter que le foin reçoive jamais une ondée dans cette position. On fait les tas très-petits lorsque la dessiccation commence et, à mesure qu'elle s'avance, on en augmente le volume. A chaque intervalle de beau temps, on étend les tas, petits et gros; on retourne fréquemment le foin pour le mettre promptement en tas le soir, ou lorsque la pluie s'annonce. En mettant à cette manœuvre de l'intelligence et beaucoup d'activité, le cultivateur pourra être assuré, non pas de faire du foin de première qualité dans certaines saisons où la fenaison est contrariée par des pluies opiniâtres, mais du moins de n'en avoir jamais de gâté. Son foin pourra être de moins belle apparence, mais il perdra peu sous le rapport de la qualité nutritive pour le bétail. »

Le regain se traite exactement comme le foin de première coupe, seulement sa dessiccation est d'autant plus difficile, que l'époque de la saison est plus avancée.

La conversion de l'herbe en foin est le moyen le plus généralement usité pour tirer parti des prairies; on peut encore trouver de l'avantage à faire faucher l'herbe avant sa floraison pour la faire consommer en vert à l'étable, ou bien la faire pâturer sur place par le bétail. Dans ce dernier cas, à moins que le pâturage n'ait lieu *au piquet*, ce qui cantonne chaque bête dans un espace déterminé et lui assigne une ration journalière, il convient de partager la prairie en enclos dont on calcule le nombre et l'étendue d'après l'état de la prairie, l'espèce et la quantité de bestiaux qui doivent consommer ses produits : chaque enclos est tour à tour affecté au bétail. Aussitôt que l'un d'eux a été pâturé, on fait passer les animaux dans un autre enclos; on étend avec soin les excréments qu'ils y ont déposés et on les ramène dans ceux qu'ils ont déjà pâturés quand l'herbe est suffisamment repoussée; parfois aussi, on réserve cette seconde herbe pour la récolter comme foin. Les circonstances économiques au milieu desquelles le cultivateur se trouve placé, peuvent seules déterminer la préférence à accorder à telle ou telle méthode.

Il est, enfin, un dernier moyen de tirer parti d'une prairie, c'est d'exploiter les trésors de fertilité qu'elle renferme, de la défricher pour en obtenir des céréales ou d'autres produits annuels avant de la mettre de nouveau en pré. Cette conversion des prés en terres arables et des terres arables en prés, toute séduisante qu'elle soit au premier abord, n'est pas sans difficulté ; elle n'est profitable qu'autant que l'opération est conduite avec beaucoup de circonspection. Sans doute, le défrichement des prés procure parfois de beaux bénéfices lorsqu'on sait user avec discrétion de la richesse accumulée dans le sol; mais trop souvent on l'exploite à outrance, on dépasse les limites qu'il aurait fallu respecter dans l'intérêt des récoltes futures; de là, l'épuisement du sol, épuisement d'autant plus fâcheux qu'il faudra ensuite une longue série d'années pour le réparer. Dans l'opération délicate du défrichement d'un pré, on ne doit jamais perdre de vue qu'une bonne prairie ne s'improvise pas; elle est l'œuvre du temps et le résultat de soins nombreux et intelligents; c'est un capital de réserve qu'il faut savoir ménager. Tant que la prairie donne des produits satisfaisants, il est prudent de la conserver; son rendement vient-il à baisser sensiblement ou nécessiterait-il de fortes avances d'engrais pour être relevé, alors, mais seulement alors, il est permis de songer à défricher; dans tous les cas, il faut bien se garder de tuer la poule aux œufs d'or en se montrant plus exigeant que les forces du sol ne le comportent. On pourra sans scrupule, sur un gazon renversé, prendre deux récoltes successives de grains; à la troisième année du défrichement, on ne négligera rien pour procurer l'ameublissement complet du sol et le tenir net de mauvaises herbes, au besoin même on lui appliquera une fumure : une récolte-racine bien travaillée et bien fumée lui assurera ces avantages; on la mettra ainsi à même, l'année suivante, de recevoir une prairie artificielle dans une céréale, véritable moyen de continuer et d'accroître la fertilité dont la prairie naturelle avait jeté les bases.

2. PRAIRIES ARTIFICIELLES.

La faculté de se nourrir principalement aux dépens de l'atmosphère, faculté que les prairies artificielles possèdent au plus haut degré; la ressource qu'elles présentent de fournir, en peu de temps, une masse considérable de fourrage qui permet de bien nourrir un grand nombre de bestiaux, d'où résultent et plus de fumiers et des fumiers de meilleure qualité; l'économie d'engrais qu'elles procurent en enrichissant, sans fumure, le sol dont elles ont pris possession et en permettant de réserver les fumiers pour d'autres cultures plus exigeantes; la suppression des jachères périodiques qui résulte de cette importante économie, d'où suit nécessairement une plus grande production de paille et de grains; la source presque intarissable de fertilité que les prairies artificielles ouvrent à toutes les terres arables appelées à les

recevoir; l'avantage qu'elles ont sur les prairies
naturelles de livrer, à courte échéance, les éléments de richesse qu'elles ont déposés dans la
terre; les facilités qu'elles donnent pour alterner
les récoltes, dont elles éloignent ainsi le retour
sur le même champ, les rendent extrèmement
précieuses au cultivateur qui veut tirer du sol
le bénéfice le plus élevé; aussi, les regarde-t-on
comme la conquête la plus importante de l'a-
griculture moderne et désormais comme son
pivot obligé.

Les principaux fourrages cultivés comme prairies artificielles sont : la luzerne, le trèfle, le
sainfoin, la vesce, les pois, le farouch ou trèfle
incarnat, la lupuline et l'ajonc; on peut encore
ranger à leur suite les plantes semées comme
fourrages verts; les plus usitées en France sont:
le maïs, le trèfle blanc, le chou cavalier, le moha,
le seigle et l'orge.

a. Luzerne.

La luzerne est sans contredit le fourrage par
excellence pour les terres du midi de la France

qui, sous l'action d'une saison chaude prolongée, conservent une certaine fraîcheur naturelle ou peuvent être arrosés. Mais, bien que cette plante exige une sorte de température élevée pour croître rapidement et donner son maximum de produit, elle le dispute encore aux meilleures plantes fourragères dans des climats moins favorisés du soleil, quand on la cultive avec soin.

Le meilleur sol pour la luzerne, sous un climat sec, est une terre d'alluvion de consistance moyenne, plutôt forte que légère, très-profonde; sous un climat humide, une terre plutôt légère que forte, ayant beaucoup de fond, est préférable; dans l'une et l'autre condition, sa réussite n'est complète qu'autant que le sol contient une certaine proportion de calcaire et a acquis déjà une certaine fertilité.

La durée de la luzerne, abstraction faite de son retour sur le même champ, dépend de la profondeur et de la nature du sous-sol. La couche arable, par sa composition et sa richesse, peut bien assurer sa levée et suffire à son développement pendant les premières années; mais, en dehors de cette première impulsion, elle n'exerce plus qu'une influence secondaire sur la longévité de la luzerne ; le sous-sol joue alors le principal rôle : la luzerne projette ses racines dans les couches inférieures du terrain ; elles vont y chercher leur nourriture ; plus elles s'y développent librement, plus elles y plongent avant, plus la luzerne a de chances de voir son existence se prolonger.

C'est dans ces conditions naturelles que la luzerne donne ses plus hauts produits et qu'elle dure le plus longtemps ; mais, à part les terrains qui retiennent l'eau à leur surface ou dans leurs couches inférieures, et les sols trop superficiels pour qu'elle puisse s'y implanter, la luzerne vient à peu près partout, pourvu qu'on ne la place pas dans une position extrême, dans une argile tenace, un sable pur ou une terre excessivement calcaire ; elle s'arrange de tous les sols intermédiaires qui ont du fond et qui sont cultivés avec soin : sa durée seule y est plus ou moins limitée, selon la profondeur plus ou moins grande du sous-sol et suivant que celui-ci est plus ou moins homogène.

Le terrain destiné à la luzerne doit être, non-seulement labouré profondément, mais défoncé ; c'est aussi ce qui se pratique dans le midi où cette plante est parfaitement cultivée. Dans la plaine de Nîmes, dans le bassin de l'Hérault et dans les départements du Rhône et de Vaucluse, on défonce le sol à 50 centimètres ; les uns pelleversent le terrain en hiver, les autres creusent d'un fer de bêche la raie ouverte par le labour ; la charrue à défoncer et la charrue sous-sol appliquées à ce travail, permettent de l'exécuter en grand avec économie. L'ameublissement de la couche arable, sa fertilité et sa parfaite propreté sont encore des conditions indispensables pour le succès de la luzerne.

L'ameublissement du sol a pour but de rendre la semaille aussi égale que possible et de favoriser son premier développement, de manière que toutes les plantes, levant en même temps, croissent avec la même vigueur et que le terrain soit partout bien garni. Si le labour de défoncement a eu lieu en hiver, si l'action des gelées s'est fait sentir, il suffira souvent de passer le scarificateur, la herse et le rouleau sur le sol pour l'amener à l'état de pulvérisation le plus désirable ; mais si le terrain est resté motteux ou si les pluies l'ont battu, il faudra recourir à de nouveaux labours qui ne dispenseront pas, la plupart du temps, de l'emploi des instruments destinés à procurer son ameublissement défi- nitif. Ces façons si multipliées sont sans doute fort coûteuses, mais elles ne sont point un luxe inutile ; la luzerne veut un sol préparé, pour ainsi dire, comme une terre de jardin, et mieux vaudrait renoncer à cette culture, que de la faire dans de mauvaises conditions : sa durée en dépend.

C'est aussi pour cette raison qu'il convient de la semer dans un sol exempt de mauvaises herbes et en bon état d'engrais. Les mauvaises herbes vivaces telles que le chiendent, l'agrostide traçante, certains brômes, etc., doivent surtout être détruites avec le plus grand soin ; elles sont infiniment plus dangereuses que les mauvaises herbes annuelles qui ne se reproduisent que par leurs semences. Celles-ci ne résistent guère au premier coup de faux, quand on ne les a pas laissé grainer ; elles contrarient la première croissance de la luzerne, mais elles ne la tuent

pas, en général ; les autres, au contraire, non-
seulement l'appauvrissent en lui enlevant une
partie de sa nourriture, mais leur végétation en-
vahissante finit par circonvenir et enserrer la
luzerne au point de l'étouffer et de se rendre
maîtresse absolue de la place : c'en est fait, dès
lors, de la luzernière, les sarclages n'y peuvent
plus rien, il faut défricher.

La plus forte fumure n'a rien de trop pour la
luzerne, il est essentiel de lui imprimer un vigoureux essor dès son début ; cette obligation de
bien fumer est d'autant plus rigoureuse, que la
plante est revenue plus souvent à la même
place : on peut se contenter d'une bonne fumure
ordinaire si c'est pour la première fois qu'on
sème la luzerne dans un terrain naturellement
riche et profond et sous un climat qui lui soit
favorable.

Suivant les pays, on a coutume de semer la
luzerne à l'automne ou au printemps.

La semaille d'automne vaut mieux pour le
midi de la France. Les gelées tardives sont souvent à craindre au printemps ; à cette époque,
d'ailleurs, le sol est trop sujet à perdre sa fraî-

cheur par un soleil brûlant ou par des vents violents, pour qu'on coure les chances d'une pluie qui peut-être se fera attendre pendant des mois entiers et dont l'absence expose la semence à ne pas germer ou, qui pis est, à être brûlée par la sécheresse après sa levée. Toutefois, pour que la semaille d'automne réussisse, il faut que la terre, bien préparée à l'avance, possède une humidité suffisante et que la luzerne soit semée d'assez bonne heure pour avoir le temps de prendre possession du sol et se fortifier de manière à résister aux froids de l'hiver.

Dans le centre et le nord de la France, et partout où les printemps sont plutôt humides que secs, et où l'on a à redouter des hivers rigoureux, la semaille du printemps est préférable ; on sème alors la luzerne à la volée dans une céréale d'hiver ou dans une orge ou une avoine de printemps, depuis 20 jusqu'à 25 kilogrammes de graines par hectare. Mais, n'en déplaise à l'usage généralement reçu, cette association porte un grand préjudice à la luzerne qui veut être semée seule. On cherche, il est vrai, à s'épargner ainsi les frais d'une préparation spéciale du sol et à ne pas perdre une année de produit; mais c'est là un faux calcul. D'une part, la luzerne, semée dans une céréale, ne trouve pas les conditions de culture profonde qu'elle réclame impérieusement pour sa durée; de l'autre, associée à une céréale qui absorbe la majeure partie des engrais, la luzerne lève mal, reste claire et a beaucoup de peine à se refaire de ce premier état de souffrance; que si l'on se croit absolument obligé de la semer au printemps dans une récolte, le sarrasin convient mieux que toute espèce de céréale pour abriter la jeune luzerne, surtout en ne le laissant pas arriver à maturité. La récolte qu'on prend pendant l'année de la semaille est loin de compenser le tort fait à une plante qui doit occuper longtemps le sol et qui, à ce seul titre, mériterait bien qu'on lui fît de larges avances. Les cultivateurs du midi, nos maîtres en cela, se gardent bien de traiter la luzerne avec le laisser-aller des agriculteurs du nord; ils la sèment seule, n'épargnent aucuns frais pour sa réussite; aussi les produits qu'ils en obtiennent n'ont-ils aucune proportion avec les médiocres résultats qu'on en retire ailleurs et les payent-ils généreusement de leurs soins judicieux.

La luzerne, semée dans une céréale, ne reçoit d'autre façon (quand elle la reçoit), que le hersage qui accompagne ordinairement son ensemencement. Dans le midi, les cultivateurs qui la sèment seule, la recouvrent par un léger coup de herse, ou simplement en donnant un tour de rouleau; ils la sarclent à la main dès qu'elle est bien sortie de terre et la purgent ainsi de toutes les plantes adventices qui nuiraient à son développement. Après la première année de fauchage, cette opération dispendieuse est remplacée par le travail de la herse bien plus applicable à la grande culture; plus tard, quand la luzerne est en pleine végétation, on la stimule par des engrais terreux ou liquides; lorsqu'elle tire vers son déclin, on la réveille à l'aide d'un araire sans versoir ou du scarificateur ; elle supporte très-bien cette rude façon : quelques agriculteurs ont adopté l'usage de la herser après chaque coupe et s'en trouvent bien, surtout au point de vue de la netteté du champ.

Le plâtre répandu sur la luzerne, soit en niver, soit au printemps, dans la proportion de 3 à 4 hectolitres par hectare, produit d'excellents résultats; il en est de même pour tous les autres fourrages artificiels.

Sous le climat du midi de la France, la luzerne, placée dans les bonnes terres profondes qui gardent naturellement leur fraîcheur en été ou reçoivent le secours de l'arrosage, donne ordinairement cinq coupes et un regain par an. On fauche dès que la plante commence à peine à montrer fleur; dans plusieurs contrées, notamment dans l'Hérault, on devance un peu ce moment, on coupe dès que le bouton est bien apparent : on assure, par là, une repousse prompte et vigoureuse. Dans les climats plus au nord, on attend, en général, que la luzerne soit bien fleurie pour y mettre la faux : la différence des climats explique et justifie chacune de ces méthodes. Quelle que soit, du reste, celle qu'on adopte, il importe de ne pas laisser trop longtemps la luzerne sur pied quand le moment opportun de la récolter est venu; le terme extrême pour la faucher est indiqué par les jeunes repousses de la luzerne; dès qu'on les aperçoit au pied de la plante, ou que celle-ci commence à perdre ses feuilles inférieures, on est déjà en retard, il convient de faucher sans délai. Il est, toutefois, une exception à cette règle, c'est, indépendamment du mauvais temps, qui force à ajourner le fauchage, la présence du négril (*colapsis atra*) dans la luzernière. Cet insecte, fléau des luzernes du midi, se montre à l'état de larve et par myriades innombrables à l'époque de la pousse de la seconde coupe. On sait qu'il lui suffit de quelques jours pour ravager une luzerne, comme si le feu y avait passé. De tous les remèdes proposés pour arrêter, ou pour mieux dire, pour atténuer les dégâts de cet insecte, le plus efficace consiste à retarder la première coupe jusqu'au moment de l'apparition des larves ; dès que celles-ci envahissent la luzerne, on y met les faucheurs ; l'insecte, pris par la famine, vide la place et se jette sur les autres luzernes restées debout : haies, fossés, champs incultes ou cultivés, rien ne l'arrête, il franchit tous les obstacles ; heureusement, il n'est à redouter qu'à son état de larve ; ses dégâts cessent dès qu'il est devenu insecte parfait ; jusqu'ici, les luzernes du midi et du sud-ouest connaissent seules ce fléau. Dans le nord de la France, on ne peut compter que sur trois coupes.

La luzerne, semée au printemps dans une céréale, est rarement fauchable à la fin de la première année dans les climats froids. Dans le midi, la luzerne, semée seule au printemps, donne déjà un produit à la première année; celle qu'on a semée avant l'hiver, se fauche plusieurs fois dès la première année de la végétation, mais ce n'est qu'à la fin de la deuxième année qu'elle est en plein rapport : les deux premières coupes, dans les conditions ordinaires de la température, sont toujours les plus abondantes.

Les procédés de dessiccation varient suivant les climats. Dans les contrées à climat sec, la récolte de la luzerne et des autres fourrages artificiels s'opère avec une grande facilité. Il suffit souvent de retourner une fois les andains; le lendemain du fauchage, on les met en meulons et dès le second jour le fourrage est en état d'être rentré

Il n'en va pas de même dans les contrées à

climat humide où le fanage est exposé à être contrarié par la pluie; la dessiccation de la luzerne y réclame les plus grands soins. Le premier jour, on laisse le fourrage en andains, tels que la faulx le a disposés. Le second jour, on les retourne avec le manche d'un râteau; quand ils ont acquis un commencement de dessiccation, on les met en petits tas qu'on se borne à aérer de temps en temps, dès que le temps le permet. A mesure que la dessiccation avance, on réunit les tas en meulons de 2 mètres environ de hauteur; la luzerne achève de s'y faner et, quelques jours après, on peut rentrer la récolte. Si les pluies étaient continues, il faudrait se hâter de mettre en meulons tous les tas dont la dessiccation serait assez avancée pour ne pas craindre une fermentation violente; on profiterait avec diligence des intervalles de beau temps pour défaire les meulons et les aérer, puis on les reformerait avec soin aussitôt que le temps redeviendrait menaçant. Traité de la sorte, le fourrage sans doute n'est pas de première qualité, résultat à peu près impossible avec des pluies tenaces, il éprouverait même une assez forte dépréciation sur le marché, par suite de sa couleur et de son arome, mais, du moins, il est sauvé et peut très-bien servir à la nourriture du bétail de l'exploitation.

La dernière coupe de luzerne se traite de même que les autres ; l'époque avancée de la saison en rend souvent la dessiccation difficile, aussi la plupart des cultivateurs préfèrent-ils la faire manger sur place. Quelques-uns, après lui avoir fait subir un fanage assez avancé, la stratifient couche par couche avec de la paille et la saupoudrent en même temps de sel. Le regain, préparé de cette manière, se sèche beaucoup plus vite, il communique une partie de ses qualités à la paille transformée, par l'addition du sel et son mélange avec la luzerne, en un très-bon fourrage : tous les animaux le mangent avec avidité. Cette méthode de traiter le regain devrait être adoptée surtout dans les contrées à climat humide.

Indépendamment de son excellent fourrage sec, la luzerne fournit encore une ressource précieuse pour la nourriture des animaux à l'étable ; toute espèce de bétail la recherche en vert; dans cet état, elle météorise fortement; il en est de même du trèfle, du sainfoin, de la vesce, etc. C'est pourquoi il ne faut donner le fourrage vert au bétail qu'en petite quantité à la fois et qu'après que celui-ci a reçu une ration de paille.

La graine de luzerne est encore un produit de cette plante qui n'est point à dédaigner, dans le midi surtout où elle acquiert toutes ses qualités. Ce n'est que sur les vieilles luzernes qu'il convient de la prendre, sous peine d'épuiser les autres et d'abréger considérablement leur durée. La troisième coupe est ordinairement réservée dans ce but. On fauche quand les gousses présentent généralement une couleur noire; après qu'elles ont subi un certain point de dessiccation, on les bat au fléau pour en extraire la graine. Dans certaines localités, on laboure superficiellement la luzerne dont on n'attend plus de récoltes de fourrage; sur ce défriché incomplet on sème en automne de l'avoine ou du blé; après la moisson, la luzerne reparaît, on la conserve alors comme porte-graines, d'autant meilleure qu'elle est plus clair-semée; elle fournit une semence de première qualité et fort abondante : ce procédé ne peut être suivi avec succès que sous un climat méridional.

La luzerne, placée dans de bonnes conditions et avec des soins bien entendus, peut donner pendant longtemps des produits considérables; vient un moment cependant, où les couches inférieures du sol dans lesquelles elle cherchait sa nourriture sont épuisées; malgré tous les efforts du cultivateur, la plante s'éclaircit et son rendement baisse de plus en plus. Il ne faut pas attendre que ses produits soient devenus insignifiants pour la défricher; en agissant ainsi, on commettrait deux fautes graves : la première, de laisser les mauvaises herbes envahir un sol que ne défendrait plus la végétation serrée de la luzerne; la seconde, de voir se dissiper en pure perte une partie de la fertilité qui s'y trouve accumulée. On se décidera donc sans précipitation mais aussi sans faiblesse, à rompre la luzerne quand elle aura fini son temps : bien entendu, on aura eu soin, les années précédentes, de jeter les bases d'une nouvelle luzernière destinée à remplacer celle qui s'en va.

Le défrichement de la luzerne exige une bonne charrue, si l'on veut que la plante soit bien retournée et ne repousse pas à travers les récoltes qui lui succéderont. Tantôt on l'opère à fond et d'un seul coup, tantôt on préfère ne l'attaquer que superficiellement afin de se ménager plusieurs couches qu'on exploite successivement. Quel que soit celui de ces procédés qu'on emploie, une luzerne bien réussie et qui a duré longtemps est une mine féconde de richesse végétale; on peut lui demander, sans engrais, plusieurs récoltes consécutives : l'exemple de la plaine de Nîmes et l'usage constant des départements voisins justifient cette prétendue hérésie, qui ne devient une faute qu'autant qu'on abuse de la fertilité accumulée dans les vieilles luzernières pour épuiser cette réserve providentielle et ruiner le sol.

La luzerne a deux ennemis qui la font souvent périr, le rhizoctone et la cuscute. Le premier est un cryptogame qui s'implante sur la racine et entraîne la mort de la plante. On reconnaît extérieurement sa présence aux vides circulaires, appelés *lunes*, qu'il fait dans la luzernière et qui vont toujours s'étendant. On ne connaît aucun moyen de le détruire ou de s'en préserver; il est plus commun dans le midi que dans le nord de la France. Le second est répandu partout, c'est la cuscute, plante parasite qui projette ses filets sur les tiges de la luzerne et gagne de proche en proche du terrain, au point d'envahir en peu de temps tout un champ de luzerne et, par suite, de l'étouffer. Le meilleur moyen de s'en préserver est de n'employer que de la semence de luzerne bien pure; on peut aussi, quand cette détestable plante se montre dans une luzerne, cerner par une tranchée les places qu'elle a envahies, les écobuer avant que la cuscute soit en graines ou les couvrir de paille à laquelle on met le feu; le fauchage répété de la luzerne, aussitôt qu'elle a atteint 6 à 8 centimètres de hauteur, est encore un moyen de se débarrasser de la cuscute, plante annuelle, qui ne reparaît plus alors l'année suivante : l'écobuage et le brûlis sont plus efficaces. Un paillis épais de marc de pommes, répandu frais, fait aussi périr la cuscute.

La luzerne est un excellent précédent pour

toutes les récoltes, mais il ne faut pas songer à la ramener sur le même sol avant un laps de temps au moins égal à celui pendant lequel elle l'a primitivement occupé. L'incertitude de sa durée et sa longue possession du sol la font mettre ordinairement en dehors de l'assolement; c'est là sa véritable place. En l'admettant dans la rotation, on s'expose à la défricher tandis qu'elle est encore en plein rapport, lorsque le tour d'une autre récolte est arrivé, et l'on se prive ainsi gratuitement d'un excellent produit, ou bien on se voit forcé de bouleverser l'ordre des cultures, lorsque sa mauvaise réussite oblige à la rompre avant le temps sur lequel on avait compté.

Une luzernière bien établie, dont on a réglé l'importance sur les besoins de la ferme et qu'on a soin de maintenir dans la même proportion à l'aide de jeunes luzernes destinées à remplacer les anciennes, devient le plus puissant auxiliaire de l'exploitation. Non-seulement elle tient lieu de prés et permet de s'en passer entièrement, mais nulle prairie ne peut lui être comparée, à surface égale, pour l'abondance des produits. La luzerne bien récoltée vaut le foin de première qualité.

b. Le trèfle.

Le trèfle est aux climats humides ce qu'est la luzerne pour les climats secs, le premier de tous les fourrages artificiels. Dans les contrées où le printemps est plutôt humide que sec, il devient le principal pivot d'un bon assolement : partout son introduction judicieuse a été le signal de progrès remarquables.

Le trèfle, par les riches débris qu'il laisse dans le sol, forme un excellent précédent pour toutes les récoltes ; ce bienfait est d'autant plus sensible que le fourrage a été plus abondant ; il s'étend non-seulement à la plante qui lui succède immédiatement, mais il se fait encore apercevoir l'année suivante ; toutefois, il n'a lieu qu'autant que le trèfle a bien réussi. Est-il mal venu, est-il resté clair et les mauvaises herbes l'ont-elles envahi ? le champ, loin d'éprouver de l'amélioration, se trouve plus épuisé par cette culture : ici, ce n'est pas le trèfle qui a tort, c'est le cultivateur qui est en faute par sa négligence.

Quoique le trèfle, sous un climat humide et à l'aide d'une culture soignée, puisse venir même dans une terre très-sablonneuse, les sols frais, dans la plupart des circonstances, sont les seuls où il réussisse. Il se plaît dans les terres argileuses, en bon état d'ameublissement, de netteté et de fertilité, et les améliore en les divisant ; les bons sols à blé et surtout les terres marneuses lui conviennent. C'est dans ces dernières, lors-qu'elles sont bien traitées, qu'il végète avec le plus de force, qu'il acquiert tout son développement et qu'on peut le faire revenir plus souvent sur lui-même.

L'usage général, justifié par le peu de durée du trèfle et par son rendement presque nul la première année, est de le semer dans une autre récolte qui lui sert d'abri. Plus tôt celle-ci cède sa place, plus tôt le trèfle se fortifie. On sème ordinairement le trèfle dans une céréale d'automne ou de printemps, et malheureusement presque toujours dans l'avoine qui succède au blé. Ainsi relégué dans une terre déjà épuisée par deux récoltes consécutives de grains et souvent infestée de mauvaises herbes, le trèfle est exposé, la plupart du temps, à être étouffé par les herbes adventices. Il naît mal, se développe imparfaitement et, par suite, se laisse envahir par une foule de plantes ; il profite peu au sol et le laisse surtout extrêmement sale.

La véritable place du trèfle est dans la céréale qui suit une récolte sarclée et fumée, par exemple, dans une orge ou une avoine succédant à des pommes de terre ; on le sème aussi avec avantage dans du lin ou bien dans du sarrasin destiné à être fauché en vert.

Dans le midi, la semaille du trèfle n'est assurée qu'autant qu'elle a lieu à l'automne ; l'humidité de la saison favorise alors sa sortie ; par cette raison, il végète avec force dès le printemps, mais aussi il cause un préjudice réel à la céréale à laquelle il est associé. Dans le nord, le trèfle est sujet à être détruit par les intempéries de l'hiver, c'est pourquoi on préfère le semer au printemps, soit dans le blé mis en terre à l'automne, soit dans les céréales de printemps. Dans le premier cas, on répand la semence de trèfle après avoir hersé le blé et on l'enterre par un léger coup de herse ou simplement par un tour de rouleau ; dans le second cas, c'est-à-dire dans les céréales de printemps, on peut semer la graine de trèfle au moment où l'on va enfouir le grain à la herse, ou après avoir hersé la céréale déjà levée : un tour de rouleau, si la terre est déjà meuble et si le temps n'est pas trop sec, suffit alors pour mettre la semence en état de germer : ce dernier procédé est le plus usité quand on sème le trèfle dans l'avoine. Quelle que soit, du reste, l'espèce de céréale à laquelle on l'associe, il est essentiel de semer le grain un peu plus clair que de coutume, surtout dans les terres riches, afin que le trèfle ne soit pas étouffé pendant sa première végétation.

Toutes circonstances égales, les semailles précoces au printemps sont celles qui réussissent le mieux.

Mieux le sol est préparé, c'est-à-dire plus la couche arable est ameublie, en bon état d'engrais et de propreté, moins il faut de semence ; il en faut d'autant plus, que ces conditions sont moins bien remplies, surtout dans un sol compacte. Il est préférable néanmoins, pour le trèfle comme pour tous les fourrages, de semer dru plutôt que menu. La semence doit être enterrée très-superficiellement. La graine de trèfle la plus récente est la meilleure, la vieille graine lève tard et inégalement ; suivant les localités, on met de 18 à 20 kilogrammes par hectare.

Le trèfle, semé dans une céréale, y trouve ordinairement un engrais de date récente ; on n'a pas besoin alors de lui appliquer du fumier après la récolte enlevée. Mais, si le sol se trouvait fatigué par la succession immédiate de plusieurs grains ou s'il se souvenait à peine de la précédente fumure, la réussite du trèfle placé dans de si tristes conditions serait fort hasardée, il faudrait alors lui appliquer une fumure en couverture, ou mieux des engrais liquides.

Les engrais liquides répandus soit en hiver, soit au printemps, avant ou après chaque coupe, impriment une grande vigueur au trèfle et élèvent ses produits au maximum de rendement ; mais bien peu de cultivateurs sont assez riches en engrais pour user de ce moyen sur de grandes surfaces ; un tel luxe n'est guère permis qu'à la petite culture, il lui convient essentiellement.

Les mêmes réflexions s'appliquent à l'emploi des cendres, des composts, de la colombine, etc.

Il n'en est pas de même du plâtre sur les champs de trèfle ; là où l'on peut s'en procurer à un prix raisonnable, il y a grand profit à stimuler le trèfle par cet engrais minéral, il produit sur lui les mêmes bons effets que sur la luzerne ; on le répand dans la proportion de 2 à 4 hectolitres par hectare, en une seule fois, en hiver ou au printemps, avant ou après la reprise de la végétation, ou même après chaque coupe : la dose totale du plâtre est alors divisée par moitié.

Le hersage appliqué après chaque coupe ou dès le premier printemps, lorsque le trèfle a acquis assez de force pour le supporter, ne lui est pas moins utile qu'à la luzerne.

Le trèfle donne ordinairement deux bonnes coupes et un regain ; ce dernier est le plus souvent pâturé.

Toutes les fois que le trèfle doit être consommé en vert, il convient, suivant Schwertz, de le couper aussitôt que la faulx peut le saisir. Plus tôt on commence à le faucher, plus vite il repousse ; c'est, d'ailleurs, le moyen de se procurer toujours du fourrage tendre, si recherché par le bétail, surtout par les vaches laitières et les jeunes animaux, et de régler les coupes de telle sorte, qu'elles se succèdent à peu près sans interruption, chose essentielle dans les exploitations où la nourriture à l'étable est fondée principalement sur le trèfle.

La dessiccation du trèfle destiné à être engrangé, s'effectue de la même manière que pour la luzerne ; seulement, étant plus aqueux, il est plus long à faner. Il faut, autant que possible, le couper lorsque toutes les têtes sont en pleine fleur : c'est le moment où il rend davantage. En le coupant un peu avant sa complète floraison, on obtient un fourrage plus fin de qualité et l'on assure davantage le succès de la seconde coupe.

La fenaison du trèfle, dans les pays très-humides, a donné lieu à un procédé particulier connu sous le nom de *Méthode à la Klappmeyer*, qui transforme la récolte du trèfle en foin brun. Il consiste à mettre le trèfle en gros tas contenant chacun plusieurs charretées de fourrage, le lendemain du jour où il a été fauché ; la récolte, en cet état, a à peine éprouvé un commencement de dessiccation. Ainsi amoncelé presque vert, le trèfle subit une violente fermentation. Quand il s'y est développé une chaleur telle, que la main, introduite dans l'intérieur du tas, ne puisse la supporter, on renverse la meule et on épand à l'entour le fourrage dont elle était formée ; sa dessiccation s'effectue très-rapidement, après quelques heures d'aération.

Cette opération, au premier coup d'œil si simple, si avantageuse, présente des difficultés si considérables, tant sous le rapport de l'atmosphère que par rapport au moment précis qu'il faut saisir pour démonter les meules en fermentation et aux bras nombreux qu'elle exige tout à coup, qu'en France on la connaît plus par la théorie qu'on ne la met en pratique. Il faut le regretter, car le foin brun bien préparé constitue un fourrage de première qualité, recherché de tous les animaux.

Les falsifications dont la graine de trèfle est si souvent l'objet, font en quelque sorte une obligation au cultivateur de produire lui-même sa semence. C'est la seconde coupe qu'on réserve ordinairement dans ce but ; il est bon de la prendre sur un trèfle bien venu, mais non trop vigoureux ; dans ce cas, on devance un peu l'époque de la fauchaison de la première coupe, afin que le trèfle porte-graine ait le temps d'arriver à parfaite maturité et puisse être rentré dans de bonnes conditions. On bat les têtes de trèfle au fléau ; dans certains cantons, on extrait aussi la graine, au moyen d'une meule verticale.

Dans les bons fonds, le trèfle, bien cultivé, peut durer deux années, non compris l'année de semailles ; mais il est bien rare que les trèfles de deux ans soient exempts de mauvaises herbes. La folle-avoine dans le sud-ouest ; le chiendent, l'agrostide traçante et d'autres plantes nuisibles, dans le nord, les infestent souvent à tel point, qu'il faut recourir à une récolte sarclée, parfois même à une jachère pour en purger le sol. Cette prolongation de durée aboutit en définitive à faire perdre au trèfle les principaux avantages de sa culture, la propreté du terrain et son amélioration. On ne tomberait pas dans cette faute si l'on se rappelait qu'un trèfle de deux ans, clair et enherbé, profite moins au sol qu'un trèfle d'un an bien garni et exempt de mauvaises herbes. Sauf des circonstances exceptionnelles, telles que la pénurie de fourrages, un accident imprévu, etc., on ne doit conserver le trèfle au delà d'un an qu'autant qu'on veut en faire la base d'un pacage. Dans l'immense majorité des cas, il y a plus d'avantage à défricher le trèfle bien réussi à la fin de la première année; non-seulement on ne perd aucun de ses effets améliorants, mais, par cette jouissance rapide, on accélère encore la rotation, on rentre plus tôt dans ses frais de culture et l'on imprime ainsi une marche plus vigoureuse à toute l'exploitation.

Sur un défriché de trèfle bien réussi, renversé par un seul labour, la surface du sol ayant été nivelée et bien ameublie à l'aide de sarclages et de roulages répétés, on obtient en général de fort belles récoltes; l'avoine, notamment, y donne des produits considérables.

Le trèfle, si précieux pour les assolements,

est une des plantes dont le retour fréquent sur
elles-mêmes doit être évité avec soin. Cette faute
l'empêche, pour longtemps, de prospérer même
dans les sols qui lui conviennent le mieux, à
plus forte raison doit-on ne le faire revenir qu'a-
vec circonspection sur les sols qui lui sont moins
appropriés par leur constitution et où il ne vient,
en quelque sorte, que par tolérance. La présence
du carbonate de chaux dans le sol, l'application
de cendres comme engrais, l'enfouissement en
vert de la seconde coupe, sont autant de moyens
qui permettent de rapprocher le retour du trèfle,
mais toujours avec une certaine modération.

Le trèfle, pendant sa végétation, a deux ennemis dangereux à redouter : ce sont la cuscute et
l'orobanche. La première l'envahit et le dévore
ainsi que la luzerne ; on pourrait la combattre
par l'écobuage, le brûlis et le fauchage répété,
mais comme il dure peu, on a rarement recours
à ces moyens. L'orobanche, plante parasite, se
développe sur les racines du trèfle ; elle ne se
montre guère que sur la seconde coupe. Quand
elle l'envahit en nombre, la repousse du trèfle est
arrêtée, les tiges restent petites et rabougries,

au point souvent de ne pouvoir être fauchées.
On ne connaît d'autre préservatif de ce fléau
qu'une épuration soignée de la graine de trèfle
et une rotation qui éloigne pendant plusieurs
années le retour de la plante fourragère sur le
même champ.

c. Sainfoin.

Le sainfoin ou esparcet est la ressource providentielle des terrains calcaires. Ce n'est pas qu'il
ne puisse venir dans les sols propres à la luzerne, mais nul ne lui convient mieux que le
terrain qui contient du carbonate de chaux; il
faut même, pour sa complète réussite, que le
sous-sol soit calcaire : la richesse et la nature
de la couche arable ne dispensent pas de cette
condition rigoureuse.

Il prospère d'autant mieux, qu'il peut en-
foncer plus avant ses racines dans un sol calcaire.

Tout sol qui retient l'eau est impropre à la
culture du sainfoin.

Ainsi que toutes les plantes fourragères à
longue durée, le sainfoin se plaît dans un sol

auquel on a donné récemment une culture profonde et dont la couche arable se trouve en bon état d'engrais, d'ameublissement et de propreté.

On connaît deux variétés de sainfoin, le sainfoin à une coupe et le sainfoin à deux coupes. Ce dernier, plus vigoureux que le sainfoin ordinaire, ne se fauche deux fois dans la même année, qu'autant que sa végétation est favorisée par une température humide, où se trouve activée par l'irrigation; en dehors de ces circonstances particulières, il ne fournit, la plupart du temps, après la première coupe, qu'une repousse bonne à pâturer : il dégénère promptement par une culture négligée.

Dans le midi, le sainfoin se sème tantôt seul, tantôt dans une céréale, à l'automne; la première méthode est préférable. Dans le reste de la France, on le sème ordinairement en avril, dans une céréale d'hiver, ou, ce qui vaut mieux dans de l'orge ou de l'avoine de printemps. Son association avec une autre récolte a l'avantage de ne pas entraîner la perte d'une année de produit; ce procédé est excusable lorsque le sainfoin doit occuper peu de temps le terrain ; mais lorsqu'on veut en faire une sole fourragère de quelque durée, il vaut mieux le semer seul, on rend ainsi plus certaine la prolongation de son existence.

Les modes de semaille pour le sainfoin ne diffèrent pas de ceux usités pour la luzerne : bien ameublir la surface du terrain à l'aide de la charrue, dont l'action est complétée par l'emploi alternatif du scarificateur, de la herse et du rouleau, telle doit être la préparation du sol quand on sème le sainfoin seul. En le semant, à l'automne, dans un blé, ou bien dans l'orge ou l'avoine au printemps, on peut commencer par enfouir ces différents grains par un coup de scarificateur ; on répand ensuite la semence du sainfoin et on l'enterre par un hersage croisé, suivi d'un tour de rouleau : elle se trouve ainsi bien répartie et dans les meilleures conditions pour germer promptement.

La semence du sainfoin doit être enterrée plus profondément que celle de la luzerne et du trèfle.

On sème ordinairement le sainfoin dans la

proportion de 3 hectolitres par hectare quand on a récolté soi-même sa graine; mais pour peu qu'on ne soit pas assuré de la bonté de celle du commerce, trop souvent altérée, il est prudent d'ajouter à cette dose. Dans beaucoup de localités, on jette souvent une certaine quantité de graines de trèfle dans la semaille du sainfoin; on augmente certainement, par là, la quantité du fourrage la première année où l'on fauche le sainfoin; mais si le sainfoin est destiné à une longue durée, cette association doit être proscrite. D'une part, la végétation des deux plantes se prête mal à une même fauchaison opportune; de l'autre, le trèfle, dès la deuxième année, faiblit et tend à s'éclaircir de plus en plus; il appelle ainsi les mauvaises herbes à toutes les places dégarnies et, par suite, devient une cause de ruine pour le sainfoin. Tout au plus le trèfle peut-il être toléré dans le sainfoin lorsque celui-ci ne doit faire que passer dans la rotation; mais tirer seulement une ou deux récoltes du sainfoin qui, bien traité dans un sol approprié, peut fournir une carrière de trois ou quatre ans, c'est une véritable dilapidation, c'est méconnaître les services qu'on pourrait attendre de la longévité du sainfoin; c'est se condamner à n'en user que comme d'une ressource accidentelle, au lieu de le garder tant qu'il donne des produits satisfaisants et d'en faire ainsi un point d'appui pour l'amélioration générale du domaine.

Le sainfoin, cultivé comme fourrage, se fauche lorsque le tiers inférieur des fleurs est déjà converti en gousses; sa dessiccation s'effectue de la même manière que celle de la luzerne et du trèfle, mais elle s'obtient plus rapidement que pour ces deux plantes.

Le sainfoin donne une pleine récolte dès la seconde année de la semaille, son rendement baisse souvent après la troisième année dans les terrains qui ne lui sont pas tout à fait appropriés.

Le plâtre répandu sur le sainfoin active puissamment sa végétation; lorsque sa racine a bien pris possession du sol, on peut lui appliquer avec avantage des hersages ou des scarifications.

La graine de sainfoin ne doit être prise que

l'année où l'on est décidé à rompre le sainfoin ;
en laissant la plante grainer plus tôt, on abré-
gerait sa durée. Le sainfoin porte-graines doit
être fauché quand la majeure partie des gousses
est mûre, quand elles ont pris généralement une
légère couleur brune. Autant que possible, il faut
faire cette opération à la rosée, car la graine,
arrivée à son point de maturité, tombe facilement. On sépare la tige à l'aide du fléau ou
même simplement avec le dos d'une fourche en
bois, quand on a eu soin de l'exposer pendant
quelques heures au soleil avant de la battre.

La longévité du sainfoin dépend de la nature
plus ou moins calcaire du sol, de son état de
fertilité et des soins dont il a été l'objet ; il dure
d'autant moins qu'il est revenu plus souvent
sur lui-même. Il ne faut pas attendre, pour le
rompre, que le sol ait été envahi par les
mauvaises herbes : cette prolongation de
durée, quand elle n'est pas excusée par une
nécessité extrême, se solde ordinairement en
déficit.

Sur un défriché de sainfoin bien réussi, on
est toujours certain d'obtenir une ou deux belles

récoltes de céréales, remarquables par leur netteté et le poids du grain.

d. Vesces.

Dans l'ordre de leur importance, la luzerne, le trèfle, le sainfoin occupent la tête des fourrages artificiels et peuvent seuls tenir lieu de prairies naturelles et assurer la marche d'une exploitation. Mais si les autres plantes fourragères, telles que les vesces, les pois, le trèfle incarnat, la lupuline, le chou cavalier, etc., ne peuvent leur disputer cette première place, elles n'en ont pas moins leur rôle utile au-dessous d'elles; ce sont leurs auxiliaires naturels, toujours prêts à seconder leur action, et même, au besoin, à les suppléer temporairement quand elles viennent à manquer. Ce rôle de plante supplétive ou de renfort appartient essentiellement aux vesces, dans les climats où l'on peut les semer en automne et au printemps.

Les vesces réussissent dans les terrains où le trèfle prospère, elles se plaisent donc mieux dans un sol argileux que dans une terre sablonneuse; celle-ci cependant peut encore les recevoir avec avantage, sous un climat humide, lorsque le sol se trouve en bon état d'engrais.

Les vesces peuvent se passer de labours profonds dans un sol lié; un labour moyen leur suffit, à la condition que la couche superficielle du sol se trouvera en bon état d'ameublissement.

Une bonne fumure leur assure une végétation vigoureuse et les rend ainsi maîtresses des mauvaises herbes qu'elles ne tardent pas à étouffer.

Les vesces se sèment à l'automne ou au printemps. Les semailles d'hiver ne réussissent qu'autant qu'elles sont faites de très-bonne heure, à la fin de septembre; il faut que la plante se soit bien assise dans le sol avant l'hiver pour résister au froid; encore celui-ci, s'il est rigoureux, tue-t-il souvent la vesce.

Semée au printemps, la vesce doit être mise en terre de bonne heure, afin de pouvoir profiter de la fraîcheur du sol; on sème alors un peu plus dru. Les semailles, dans cette saison, ont lieu, suivant les pays, depuis la fin de mars jusque dans le courant d'avril. Là où la nourriture à l'étable repose principalement sur les fourrages verts, on échelonne les semailles du printemps, de manière que le fauchage des vesces puisse remplir l'intervalle entre les coupes de trèfle et de luzerne; mais ces semailles répétées, toujours chanceuses, exigent absolument un climat humide et un sol frais.

On répand les vesces à la volée à raison de 2 hectolitres par hectare quand on les sème seules; lorsqu'on leur associe du seigle ou de l'avoine en guise de tuteurs, on ne met guère que 150 litres de vesces; le quart restant est remplacé par la céréale. La semence peut être recouverte avec la herse ou par un coup de scarificateur; il est bon, en outre, de passer le rouleau sur les semailles faites au printemps.

Le mélange de vesces et d'avoine, ou de seigle, porte les noms de *dravière, dragée, bar-jelade.*

Le plâtre active la végétation de la vesce et augmente ses produits; on le répand, au printemps, avant la reprise de la végétation, à raison de 2 ou 3 hectolitres par hectare.

Les vesces destinées à être consommées en vert se fauchent dès qu'elles sont en fleur ou lorsque les gousses du bas de la tige sont déjà nouées; lorsqu'on veut les convertir en fourrage, on attend ordinairement que les graines soient plus formées.

Le fanage des vesces ne s'opère pas sans difficultés. Lorsqu'elles sont versées ou que l'année est très-humide, elles sont fort exposées à pourrir sur pied; fauchées, elles gardent longtemps leur eau de végétation. Leur dessiccation a lieu de même que pour le trèfle et la luzerne.

Le rendement des vesces, et particulièrement des vesces de printemps, est très-casuel. Elles forment un excellent précédent pour le blé, non-seulement à cause des principes fertilisants qu'elles déposent dans le sol, mais encore parce que, le laissant libre de bonne heure, elles permettent de choisir les moments les plus opportuns pour donner des labours, et, par suite, pour bien préparer le terrain, qui profite alors d'une sorte de demi-jachère.

e. Pois.

Les terres de consistance moyenne et contenant du calcaire conviennent mieux que les sols argileux pour la culture des pois. L'espèce qu'on sème le plus ordinairement en grande exploitation est le pois des champs ou la *bisaille* (pisum arvense).

De même que les vesces, les pois préfèrent un climat frais à un climat sec. Ils veulent être semés encore plus tôt; ils souffrent moins des froids tardifs du printemps. Leur culture est exactement la même que celle des vesces. On les sème dans la proportion de 2 hectolitres par hectare, seuls ou en mélange avec de l'avoine; ils se fauchent en fleur ou en grain, suivant qu'on veut les faire manger en vert ou les réserver comme fourrage sec.

Les pois sont très-difficiles sur leur retour; un intervalle de six et même de huit ans n'est pas de trop pour assurer leur réussite.

f. Lupuline.

Cette plante vient dans les terres calcaires et les terres sablonneuses, là où le trèfle ne réussit pas, mais elle ne donne un rendement satisfaisant, qu'autant que le sol a été bien fumé ou se trouve en bon état d'engrais. On la sème ordinairement dans une céréale au printemps, dans la proportion de 15 kilogrammes par hectare et avec les mêmes préparations que pour le trèfle.

La lupuline ne donne qu'une seule coupe, mais d'excellente qualité; on la cultive aussi pour pâturage ; elle contribue puissamment à l'amélioration du sol. Le plâtre développe sa végétation.

g. Trèfle incarnat.

Le trèfle incarnat, appelé aussi *farouch,* réussit bien dans les terres siliceuses. Cette plante n'est pas exigeante sur la préparation du sol ; un coup d'extirpateur après la céréale qui la précède suffit ; souvent même on se contente de jeter la semence sur le chaume et de l'enterrer par un hersage ou par un coup d'araire ; elle n'en vient pas moins bien.

Le trèfle incarnat lève mieux enveloppé dans sa gousse que lorsqu'on fait usage de graine mondée, aussi le sème-t-on ordinairement dans son enveloppe. Les semailles ont lieu, suivant les climats, depuis le commencement d'août jusque dans le mois de septembre ; on répand environ 100 à 150 kilogrammes de semence en balle par hectare.

Le trèfle incarnat reste sans lever tant que le sol est sous l'influence de la sécheresse ; c'est pourquoi, dans les pays d'arrosage on a coutume d'irriguer le terrain peu de temps après l'avoir ensemencé en farouch : il lève alors très-vite. Dans le nord, après sa première pousse automnale, il demeure stationnaire par le froid et ne se réveille plus qu'au premier printemps. Il en est autrement dans le midi. Il continue de croître à l'arrière-saison, il fournit un bon pâturage tout l'hiver et n'en donne pas moins une forte coupe en mai lorsqu'on a soin d'en retirer les troupeaux vers la mi-février; cet usage est général dans le Roussillon. Le plâtrage augmente son rendement.

La principale qualité du trèfle incarnat est d'être très-précoce et de pouvoir se faucher bien avant le trèfle ordinaire; on le coupe quand il commence à fleurir. Consommé en vert, il est mangé avec profit par tous les animaux : c'est là sa véritable destination; sec, il ne constitue qu'un médiocre fourrage, à peine supérieur à la bonne paille; les bêtes à cornes cependant s'en accommodent l'hiver.

Le trèfle incarnat, conservé comme porte-graines, produit une énorme quantité de semence quand la température favorise sa maturité.

Le trèfle incarnat, bien que laissant le terrain libre de bonne heure, est regardé comme un mauvais précédent pour le blé; après cette récolte, le sol se tient *creux*, condition fâcheuse pour les céréales d'hiver. Dans les Pyrénées-Orientales, berceau de la culture du trèfle incarnat, on fait succéder immédiatement au farouch une récolte de pommes de terre ou de maïs, mais cette riche succession n'est possible qu'avec le secours de l'irrigation et d'un climat privilégié.

Dans quelques départements du sud-ouest de la France, notamment dans la Haute-Garonne, l'Ariége et les Hautes-Pyrénées, on cultive deux variétés de farouch, l'une précoce et l'autre tardive; cette dernière se fauche quinze jours au moins après la première; en semant ces deux variétés, on se ménage le moyen de nourrir économiquement le bétail au vert avec du trèfle incarnat pendant près de six semaines, avantage précieux à une époque où les greniers sont presque dégarnis et où les animaux sont fatigués de la nourriture sèche.

h. Ajonc.

La Bretagne est la terre classique de cette culture qui mériterait d'être répandue dans les contrées à sol et à climat analogues à ceux de ce pays, c'est-à-dire dans les terrains granitiques et sous un ciel pluvieux.

L'ajonc prospère surtout dans les terrains argilo-siliceux humides où le sainfoin et la luzerne ne viennent pas.

L'ajonc n'exige pas une préparation spéciale du sol. On le sème à raison de 30 litres de graines par hectare, dans un blé ou une avoine, au moment où l'on applique le hersage à ces céréales : on l'enterre très-superficiellement. L'ajonc bien levé garnit vite le terrain après qu'on a récolté la céréale qui l'abritait. Sa végétation serrée dispense de tout sarclage; il faut seulement mettre la pièce en défens, l'année de la semaille, pour la soustraire aux dégâts qu'y occasionnerait le bétail; plus tard, l'ajonc se protége lui-même par les aiguillons dont ses tiges sont armées.

L'ajonc donne déjà une bonne coupe dès l'automne de la seconde année où il a été semé. On pourrait, à la rigueur, le faucher tous les ans quand il s'est une fois bien implanté dans le terrain, mais il est plus avantageux de le mettre en coupe réglée tous les deux ans.

L'ajonc forme une bonne nourriture pour les chevaux et les bêtes à cornes, mais il doit subir une préparation avant d'être donné au bétail; on le partage en tronçons de 5 à 8 centimètres qu'on broie avec un pilon en fer, de manière à émousser les aiguillons, mais sans écraser complétement les tiges. 30 kilogrammes d'ajonc ainsi préparés maintiennent en bonne santé un bœuf de travail; il suffit de 20 kilogrammes pour la nourriture d'un cheval.

Dans les terres argilo-siliceuses profondes, placées sous un climat humide et de moyenne fertilité, la durée de l'ajonc est pour ainsi dire illimitée; elle n'excède guère cinq ou six ans dans les sols granitiques pauvres. Sur un défriché d'ajonc bien garni, on obtient, sans engrais, plusieurs belles récoltes de céréales.

L'ajonc fauché en fleur et mis en tas pour fermenter, à l'aide de lessives, peut être utilisé comme engrais après être resté amoncelé pendant cinq ou six mois; ses tiges forment un bon combustible.

i. Chou cavalier et chou branchu.

Les choux se plaisent dans les terres fortes; ils exigent un sol riche, meuble et profond.

Les deux variétés principales de choux cultivés en grand, sont le chou cavalier et le chou branchu.

Ce n'est que par exception qu'on sème les choux en place; généralement on a recours au semis en pépinière; il a lieu comme pour le rutabaga. Lorsque le plan a acquis assez de force, on procède au requipage de la manière précédemment indiquée : on espace les plantes à 45 centimètres dans les lignes, un intervalle de 70 à 80 centimètres sépare chaque rangée. Sous un climat humide, le seul qui convienne réellement aux choux, la mise en place peut s'effectuer jusqu'en juin; il faut y procéder plus tôt si le climat est moins favorable. La plantation à l'aide de le charrue réussit très-bien. On peut employer le plantoir.

Les soins à donner aux choux pendant leur végétation consistent en binages répétés aussi souvent que les mauvaises herbes se montrent dans la pièce ou que le sol se durcit; on butte quand les plantes ont atteint la moitié de leur hauteur. On commence la cueillette du chou cavalier et du chou branchu lorsque leurs feuilles inférieures laissent apercevoir une teinte jaunâtre; on parcourt alors la pièce et l'on détache les feuilles les plus développées en les séparant le plus près possible de la tige; on répète ainsi chaque jour la cueillette, de manière à ne revenir aux plantes déjà récoltées qu'après que tout le champ a passé par cette opération : on effeuille de la sorte pendant tout l'hiver; au printemps on coupe les tiges rez terre, aussitôt que les choux entrent en fleur.

Les porte-graines doivent être choisis parmi les sujets les plus vigoureux et réunissant le mieux les caractères de l'espèce; il faut avoir soin de les placer loin de toute autre variété de choux, car ils s'hybrident très-facilement. L'hybridation a produit une excellente variété fixée aujourd'hui et connue sous le nom de chou moellier; il est plus sensible au froid que les deux autres espèces.

Le produit en feuilles d'un hectare de choux cavaliers et branchus bien réussis est considérable, mais on ne peut nier que ces plantes exigent une forte dose d'engrais. Ce sont les deux meilleures variétés qu'on puisse cultiver pour l'engraissement des bêtes à cornes.

j. Maïs-fourrage.

Le maïs, considéré comme plante fourragère, est une ressource précieuse, non-seulement dans les climats secs où cette plante arrive aisément à maturité et où le trèfle réussit peu, mais encore dans les contrées trop froides pour permettre au maïs de grainer complétement; la masse énorme de fourrage qu'il fournit et l'excellente qualité de son fourrage vert, le meilleur de tous, le rendent extrêmement précieux pour le cultivateur qui sait en tirer parti.

Le maïs blanc prend un développement foliacé plus considérable que le maïs jaune; cette variété mérite donc la préférence comme plante fourragère, mais elle est plus épuisante et exige un sol plus fertile.

Dans les climats tempérés, on le sème depuis le mois d'avril jusqu'à la fin de mai. Si le terrain n'est pas suffisamment riche, il est indispensable de fumer, sous peine de n'avoir qu'un pauvre rendement. Bien que le maïs puisse être semé à la volée, il vaut beaucoup mieux le semer en lignes espacées à 50 centimètres les unes des autres, afin de lui donner des façons pendant sa végétation; ces cultures, ainsi qu'une plus grande aération, contribuent à lui assurer un plus riche développement , les mauvaises herbes sont plus sûrement détruites et le sol se trouve moins épuisé. On le fauche dès que les panicules surgissent, quand on veut en faire une provision d'hiver; sa dessiccation est difficile : lorsqu'on veut le faire manger en vert, on doit commencer à le couper plus tôt, avant l'apparition de la fleur, afin d'échelonner la nourriture; tous les animaux le recherchent avec avidité.

k. Trèfle blanc.

Le trèfle blanc (*trifolium repens*) réussit sous le climat et dans tous les sols où prospère le trèfle des prés ; il vient aussi cependant dans des terres moins consistantes.

Cette plante exige un sol riche ; une forte fumure lui est toujours appliquée avec avantage quand cette condition n'est pas remplie.

Le trèfle blanc se sème ordinairement dans une

céréale de printemps, de la même manière que pour les autres plantes fourragères auxquelles le blé, l'avoine ou l'orge servent d'abri. On répand la semence à raison de 10 kilogrammes par hectare et on l'enfouit très-superficiellement : un tour de rouleau suffit pour la couvrir.

Dans un bon fonds ou avec une fumure abondante, le trèfle blanc se laisse très-bien faucher pour être donné en vert à l'étable ; il dure ainsi plusieurs années. Mais si le sol n'est pas riche, le trèfle blanc ne peut plus être utilisé que comme pâturage : mieux vaut alors l'associer à d'autres plantes fourragères qui doivent recevoir cette destination, que de le semer seul.

Le trèfle blanc forme une nourriture de premier choix pour les vaches laitières ; il partage cette qualité avec le trèfle hybride, espèce plus vigoureuse, plus productive et non moins rustique.

1. Moha.

Le moha n'est point une plante à dédaigner dans les terrains fortement siliceux, dans les sols de landes, par exemple. Sans doute, dans ces terrains, il ne faut pas en attendre les produits considérables qu'on peut espérer lorsqu'il se trouve dans des alluvions de consistance moyenne; mais il y donne encore une coupe relativement abondante, rendement d'autant plus précieux, que ces sortes de terrains, déshérités de la nature, ne laissent guère de choix pour la production des plantes fourragères.

Le moha ne montre tout ce qu'il peut que dans un sol riche; il exige donc une forte fumure pour être d'un bon produit; l'irrigation et les engrais liquides lui sont très-avantageux; il s'accommode aussi fort bien des engrais pulvérulents, tels que guano, colombine, tourteaux.

Le terrain destiné à cette récolte doit être parfaitement ameubli et exempt de mauvaises herbes. On le sème à la volée, au printemps, dans la proportion de 10 kilogrammes par hectare. On le fauche pour être donné en vert quand ses têtes sont sorties : c'est un bon fourrage qui vient vite et se laisse aisément faner, mais il est épuisant.

m. Seigle, orge et avoine fourrages.

Dans les climats froids, c'est au seigle et à l'escourgeon (*hordeum hexastichon*) qu'on donne la préférence comme céréales propres à être semées à l'automne, en guise de fourrages verts ; dans le midi de la France, l'avoine partage cette destination avec ces deux plantes ; on la fane souvent, ainsi que l'orge, pour servir de provision d'hiver. Elle constitue ce qu'on appelle en Provence, la *Barjelade*. On les sème dans la proportion de 2 à 3 hectolitres par hectare avec ou sans fumure, sur un ou deux labours.

Ces fourrages ont le mérite d'être très-précoces et de pouvoir se faucher avant les prairies artificielles ; à ce titre, ils sont précieux pour les brebis portières et leurs agneaux, ainsi que pour les vaches qui ont mis bas : ils développent particulièrement la production laitière. C'est ordinairement par ces fourrages qu'on commence, au sortir de l'hiver, la nourriture fraîche du bétail. Toute circonstance de température à part,

leur rendement est d'autant plus considérable,
qu'ils sont placés dans un sol mieux fumé; après
eux, on prend ordinairement une seconde récolte dans la même année.

n. Colza et navette fourrages.

Enfin, le colza et la navette peuvent aussi être
utilisés comme fourrages verts; ils présentent
l'avantage d'entraîner peu de frais pour leur semence et de monter vite au printemps. On les
sème ordinairement à la volée à l'automne et on
les fauche au printemps, aux approches de leur
floraison. La navette, moins épuisante et moins
exigeante sur le sol que le colza, convient
mieux que celui-ci dans les terres de médiocre
fertilité.

Comme fourrage vert, on peut encore tirer
parti du sarrasin fauché en fleurs; toutefois il
ne fournit qu'une alimentation de qualité secondaire, à moins qu'on ne l'ait associé à du moha
ou au maïs quarantain; mélangé avec ces
plantes, il est consommé avec profit par les
bêtes à laine et surtout par le bétail à cornes.

Ce mélange convient aux terres légères, particulièrement aux terrains de landes, sous un climat humide; son rendement, bien entendu, est toujours en raison de la fertilité du sol.

SYSTÈME DE CULTURE

1. Choix des récoltes. — 2. Rotation des récoltes. — 3. Assolements.

On entend par *système de culture* le choix qu'il convient de faire et la proportion qu'il est nécessaire d'établir entre les différentes récoltes pour en tirer le plus grand profit, tout en maintenant la terre en état de fertilité. Sans nul doute, là où l'on peut se procurer aisément du dehors autant d'engrais et de bras que l'exploitation l'exige, un système régulier de culture n'est pas indispensable; l'art du cultivateur se borne alors à choisir les récoltes les mieux appropriées à sa terre et aux circonstances économiques qui l'entourent. Mais de telles positions sont rares. Dans la plupart des cas, une culture qui ne reconnaîtrait pour guide que le seul caprice de l'agriculteur, ne pourrait prospérer. Il ne suffit pas d'être familiarisé avec le sol qu'on exploite et d'être en mesure d'obtenir les récoltes qui réalisent les plus beaux bénéfices; il faut encore savoir balancer les produits du sol avec ses forces, de manière à ne pas lui demander plus qu'il ne peut donner et à ne pas s'encombrer de denrées d'un écoulement difficile; il faut, en un mot, maintenir un juste équilibre entre la fertilité du terrain et les récoltes épuisantes et de régler sa culture d'après les exigences du marché. Trois conditions principales concourent à ce but, savoir : un choix judicieux de récoltes appropriées au climat et au sol; une rotation qui place les plantes dans l'ordre où elles donnent le plus fort rendement; un assolement, enfin, en harmonie avec les besoins de l'exploitation : la réunion de ces diverses conditions forme le système de culture et détermine sa valeur.

1. CHOIX DES RÉCOLTES.

Rien n'est moins indifférent, en agriculture, que la connaissance des plantes auxquelles il convient de donner la préférence pour en faire la base de son exploitation. On peut, il est vrai, avec une surabondance d'engrais, ou à coup d'écus, se permettre bien des licences; mais en dehors des exceptions qui ne sauraient faire règle, il n'y a de sûreté pour le cultivateur, qu'autant qu'il suit la marche de la nature, qu'il travaille avec elle et varie ses procédés d'après ses lois. On sait, par exemple, que le climat et le sol ont leurs exigences qu'on ne méconnaît point impunément; l'action mécanique des végétaux sur le sol et leurs propriétés épuisantes ou améliorantes doivent, en outre, être consultées dans le choix des récoltes : s'obstiner à opérer en dépit de ces considérations forcées, c'est semer autour de soi les obstacles et courir à une ruine inévitable.

Le climat, abstraction faite de la nature du

sol qui contre-balance ses défauts ou ses qualités, exerce une grande influence sur les plantes en favorisant ou en contrariant leur végétation, d'après la somme de chaleur et le degré d'humidité dont elles ont besoin. Ainsi l'olivier, la vigne, le maïs, la luzerne, l'orge, la garance, réclament plus de chaleur que le froment, le seigle, l'avoine, le trèfle, les vesces, les choux, etc. Sous un ciel humide, les prairies naturelles, le froment, l'avoine, les récoltes-racines prospèrent; dans un climat sec, le maïs, l'orge, la vigne, le mûrier, réussissent particulièrement.

Chaque plante a, pour ainsi dire, un sol de prédilection, où elle arrive, sans grands frais, à son plus haut point de perfection. Vient-on à la cultiver dans une terre qui ne lui convienne pas, il lui faut le secours d'une température privilégiée ou d'une fumure extraordinaire pour l'amener à un développement souvent incomplet; elle est alors d'autant plus exigeante sous le rapport de l'engrais, qu'elle se trouve moins à sa vraie place, et son produit, acheté par un sacrifice, en demeure d'autant plus affecté.

S'il est impossible de déterminer, d'une manière rigoureuse, quelles plantes conviennent à chaque variété de sols résultant des divers mélanges de roches, et si le cultivateur est obligé, à cet égard, de s'en remettre à l'expérience pratique, on n'éprouve plus le même embarras quand il s'agit de sols dont les caractères sont bien tranchés ; on peut établir avec assez de précision quelles sont les plantes qui y prospèrent, celles qui y réussissent plus ou moins, ainsi que celles qui ne peuvent y végéter.

L'argile tenace ne convient presque qu'à l'herbe ; le pâturage est le meilleur moyen de tirer parti de cette terre froide, presque toujours mouilleuse, d'une préparation coûteuse et difficile, où les autres récoltes sont très-chanceuses.

Le sol argileux, ameubli par la culture et les engrais, convient au froment, à l'avoine, aux fèves, aux vesces, au trèfle et aux choux ; s'il a reçu des amendements calcaires, il devient capable, avec de bonnes fumures, de porter de plus riches récoltes : le maïs, le chanvre, le colza y prospèrent.

Dans le sol argilo-siliceux, connu sous le nom

de *terre blanche*, sol contenant, à l'état de combinaison, une forte proportion de sable fin qui lui communique une partie des défauts d'une argile tenace réfractaire aux agents atmosphériques, l'avoine et le trèfle incarnat réussissent; le blé, le colza, les vesces et le trèfle y viennent encore assez bien, quand le sol a été convenablement préparé et se trouve en bon état d'engrais.

Les terres d'alluvion, plutôt fortes que légères, de nature argilo-calcaire et profondes, sont des sols de prédilection pour le plus grand nombre des récoltes; sous le climat du midi, ces terres n'ont d'autre inconvénient que d'être dispendieuses à travailler : la garance, la luzerne, le froment, l'orge, le maïs, les fèves, le colza y donnent de magnifiques produits. Sous un climat humide, les terres légères d'alluvion sont particulièrement propres aux récoltes fourragères et aux récoltes-racines; mais, comme elles sont souvent envahies par les mauvaises herbes, les menues cultures y sont coûteuses. Les grains d'été y réussissent mieux que les grains d'hiver, souvent exposés à s'y voir déchaussés; le chanvre s'y trouve dans son véritable terrain, lorsque le sol est défoncé et fortement fumé.

Les sols tourbeux et les marais ou les étangs desséchés donnent de magnifiques récoltes d'avoine, mais jamais ils ne sont mieux utilisés que par l'herbe : une fois que la prairie s'y est implantée, elle est établie à tout jamais et son produit y est considérable.

La vigne, l'amandier, l'olivier, sous un climat sec ; le sainfoin, les pois, l'orge, la navette, sous un climat humide, sont les plantes qui conviennent le mieux au sol calcaire.

Pour le sable, le choix des plantes est très-restreint.

Dans un climat chaud, le sable pur est presque toujours une terre maudite, frappée d'aridité, à moins que la végétation forestière du pin maritime ne s'en empare. Mélangé d'un peu d'argile ou de calcaire, il admet le topinambour, le seigle et surtout l'herbe, si celle-ci peut être arrosée ; un sable de meilleure qualité, c'est-à-dire mêlé à une plus forte proportion d'argile ou de calcaire, convient à la vigne, au mûrier et peut encore, avec des engrais, porter des navets, des pommes de terre, de l'avoine et de l'orge. S'il s'agit d'un climat humide et d'un sable profond arrivé à un haut degré de fertilité, le cercle des plantes qu'on peut lui confier s'étend : la luzerne, les vesces, les pois, le lin, le chanvre, les pommes de terre, les féveroles, le millet, le sarrasin y seront cultivés avec avantage, mais sous la condition expresse que le sol recevra de fréquentes fumures.

Il existe donc une corrélation intime entre la nature du sol et les plantes qu'il est appelé à porter; le choix de ces dernières est d'autant plus étendu, que le terrain se trouve en meilleur état de fertilité et de culture.

Certaines plantes, par leur mode spécial de végéter, exercent une véritable action mécanique sur le sol; toutefois, celui-ci leur doit moins, sous ce rapport, qu'aux façons dont elles sont l'objet pendant leur croissance. Les unes, comme la luzerne, le sainfoin, la carotte, munies de longues racines vigoureuses, s'enfoncent profondément dans le sol et vont y puiser des principes nutritifs qui, sans elles, eussent été perdus pour le cultivateur. Les autres, telles que la pomme

de terre, le topinambour, etc., développent leurs
produits dans la couche arable, la soulèvent,
l'ameublissent et servent ainsi de conducteurs
aux agents atmosphériques qui complètent leur
œuvre.

D'autres plantes jouissent de propriétés analogues pour ameublir et purger le sol des mauvaises herbes.

Le colza, la navette d'hiver, le pavot contribuent à la division du sol et forment ainsi de bons
précédents pour les grains d'hiver.

L'herbe des prairies opère en sens contraire
sur le sol sablonneux; l'épais chevelu de ses racines le raffermit et lui donne de la consistance,
en enveloppant ses particules terreuses dans une
sorte de réseau; elle lui conserve ainsi de la fraîcheur.

Nulle plante ne convient mieux que le trèfle
et les fèves pour diviser un sol compacte et le
préparer à recevoir du froment.

Le sarrasin, les pois et les vesces, grâce à
leur végétation serrée, étouffent les mauvaises
herbes sous leur ombre épaisse quand on les
fauche avant leur maturité complète. Les ré-

coltes sarclées, par les cultures répétées qu'elles exigent, amènent le même résultat. D'un autre côté, la plupart des céréales favorisent la multiplication des herbes adventices en limitant leur destruction à un temps fort restreint qui, d'ailleurs, n'est pas celui où elles sont toutes hors de terre ; loin d'ameublir le terrain, elles le serrent et le dessèchent.

La faculté que possèdent certaines plantes d'améliorer le sol ou de l'épuiser, mérite encore une sérieuse attention.

Il n'existe aucune plante cultivée qui ne vive, plus ou moins, aux dépens de la fertilité du sol ; mais quelques-unes lui restituent par leurs débris autant ou plus qu'elles ne lui ont emprunté ; d'autres ne lui abandonnent ni feuilles, ni tiges, ni racines ; de là, une distinction à établir entre les plantes qui enrichissent et améliorent le sol et celles qui l'épuisent et l'appauvrissent ; entre ces extrêmes, se placent les végétaux qui le ménagent.

La première série, celle des végétaux qui enrichissent le sol, comprend les plantes dont la masse entière ou simplement les principaux détritus retournent au sol, c'est-à-dire les plantes qui tirent leur nourriture de l'atmosphère et rendent à la terre une masse d'engrais d'autant plus considérable, qu'elles y ont puisé moins de principes fertilisants et que leur végétation a été plus vigoureuse. De ce nombre sont les prairies naturelles, la luzerne et le sainfoin lorsqu'ils ont occupé longtemps le sol, qu'ils ont toujours été bien garnis et qu'on les a défrichés avant leur épuisement et l'envahissement des mauvaises herbes ; à leur suite viennent le trèfle bien réussi, les lupins, le sarrasin, les vesces, les fèves; le sarrasin, la navette enfouis en vert.

Parmi les plantes qui améliorent le sol, on range celles qui, sans augmenter sa richesse, lui rendent, par leurs détritus, l'équivalent de ce qu'elles lui ont pris, ainsi que les végétaux qui bonifient le terrain par leurs cultures et l'action directe qu'ils exercent sur lui. Le tabac, le colza, la garance, les fèves récoltées en graines et la plupart des récoltes sarclées, autres cependant que les racines, appartiennent à ce groupe.

Sous le nom de plantes qui ménagent le sol, on comprend celles qui, sans l'enrichir ou l'améliorer, le laissent à peu près dans l'état où elles l'ont trouvé au début de leur végétation. Toutes les récoltes fauchées en vert, comme les vesces, les pois, l'escourgeon, le seigle, l'avoine, etc., sont rangées dans cette catégorie.

La série des végétaux qui appauvrissent le sol embrasse la plupart des plantes cultivées. Dans un sens rigoureux, toutes devraient s'y ranger, car il n'en est aucune qui ne s'approprie quelques-uns des principes fertilisants contenus dans la terre. Mais ces emprunts sont contrebalancés, chez les unes, par de nombreux débris de tout genre qu'elles abandonnent en échange; chez les autres, par l'action qu'elles exercent sur le sol et sur les récoltes suivantes, ainsi que par les cultures qu'elles exigent. La nature du sol et du climat, la richesse plus ou moins grande du terrain, sont encore autant de causes qui viennent compenser, diminuer, et souvent même neutraliser le plus ou moins d'appauvrissement que les plantes font subir au terrain. Telle plante, en effet, qui, par la culture soignée dont elle est l'objet, devrait être rangée parmi les récoltes améliorantes , devient appauvrissante par suite de la quantité d'engrais qu'elle absorbe, et *vice versa.*

Dans un bon sol on peut agir vigoureusement et même se montrer exigeant; dans un mauvais sol on est forcé d'être modeste, le point essentiel est de ménager ses forces. Ici, on ne saurait établir de règles absolues; chaque cultivateur doit trouver dans sa position et son expérience individuelles la meilleure direction à suivre; on peut seulement s'étayer sur les faits généraux suivants. Sous le rapport des principes fertilisants qu'ils enlèvent au sol, la pomme de terre, les choux, les betteraves, le froment, l'orge, le maïs, le seigle, l'avoine, le colza, les haricots, les lentilles, occupent le premier rang comme plantes appauvrissantes. Mais cet ordre doit être interverti, si la nature du terrain est telle, qu'il importe plus de l'ameublir que d'épargner l'engrais. Les céréales occuperont alors la première place ; puis, après elles, viendront les pois, les vesces, les lentilles, les haricots, le colza, les choux, le maïs, les navets et les pommes de terre, bien que ces dernières exigent plus d'engrais que les céréales pour leur complète réussite ; mais la propriété qu'elles ont, comme récoltes sarclées, d'ameublir le sol, de le tenir net de mauvaises herbes et de supporter les fumiers frais sans qu'on ait à craindre de voir salir la terre, en fait de véritables récoltes améliorantes comparativement aux céréales ; elles ont surtout pour effet d'aider à restreindre l'emploi de la jachère et, parfois, à la supprimer entièrement.

Les plantes épuisantes, enfin, sont toutes celles qui, non-seulement absorbent une forte proportion d'engrais pendant leur développement, mais ne comportent pendant leur végétation aucune culture améliorante et ne laissent pas après elles de détritus dans le sol. Cette série renferme les végétaux dont la culture n'est en quelque sorte permise que dans les terrains riches, ou lorsqu'on a une surabondance d'engrais ; telles sont, entre autres, toutes les plantes semées en pépinière ; le chanvre, le pavot et le colza semés à la volée, le lin, la cardère, les navets semés à la volée, en récolte dérobée : la plupart de ces récoltes ne conviennent évidemment qu'à une culture parvenue à son apogée.

2. ROTATION DES RÉCOLTES.

La rotation n'est autre que l'ordre dans lequel les plantes doivent se succéder pour donner le plus grand produit, aux moindres frais possibles.

Si toutes les plantes cultivées comportaient le même traitement et agissaient de la même manière sur le sol, la succession des récoltes serait à peu près chose arbitraire ; mais l'expérience nous apprend qu'il n'en est pas ainsi. Il est des plantes qui exigent un sol plus ou moins fertile : les unes se contentent d'engrais encore bruts, les autres veulent les trouver décomposés. Certains végétaux ne souffrent pas d'une semaille tardive, d'autres demandent à être semés de bonne heure ; ceux-ci arrivent vite à maturité et laissent promptement le sol libre ; ceux-là occupent longtemps le sol et laissent à peine le temps de le préparer pour d'autres récoltes ; un grand nombre d'entre eux salissent plus ou moins le sol et rendent les menues cultures indispensables pendant leur première croissance ; plusieurs, au contraire, ont la propriété d'étouffer les herbes adventices sous leur épaisse végétation ; il en est, enfin, qui peuvent être ramenés à des intervalles rapprochés sur le même sol, tandis que d'autres se refusent à un retour fréquent : ces données sont autant de jalons qu'il ne faut pas perdre de vue dans la succession des récoltes, sous peine de mécomptes fàcheux. Trois considérations principales doivent éclairer la rotation, savoir :

1° Les façons qu'exige chaque plante relativement aux récoltes appelées à lui succéder ;

2° Le degré d'ameublissement où elle laisse le sol après elle ;

3° Les éléments de nutrition qu'elle réclame et ceux qu'elle laisse pour les récoltes suivantes.

C'est un avantage inappréciable pour le cultivateur de pouvoir coordonner ses travaux, de manière que les façons appliquées à une récolte servent encore de préparation pour celles qui lui succéderont. Si toutes les plantes étaient semées à la même époque et mûrissaient en même temps, les travaux seraient tellement accumulés sur la même saison, qu'on ne pourrait y suffire sans des frais ruineux d'attelages et de main-d'œuvre ; il ne faudrait qu'une température contraire pour empêcher de les exécuter ; on courrait, en outre, le risque de voir toutes les récoltes détruites par l'intempérie d'une seule saison. Réduite à cette extrémité, l'agriculture serait impossible. Heureusement, la durée végétative des plantes offre une grande variété. Les unes, comme le blé, l'épeautre, le seigle, l'escourgeon, le colza, etc., poussent lentement dans la première période de leur croissance, elles supportent les rigueurs de l'hiver ; on peut les semer en automne ; elles mûrissent dans le cours de l'été suivant. Les autres, telles que certaines espèces d'orge et d'avoine, le maïs, le sarrasin, les récoltes-racines ne résistent pas au froid ; aussi les sème-t-on au printemps. Elles parcourent toutes les phases de leur existence dans l'espace de quatre à six mois ; certains fourrages, les vesces, les pois, tantôt se sèment avant l'hiver, tantôt au printemps ; d'autres, comme la lupuline, le trèfle incarnat, occupent le sol pendant moins d'une année ; le trèfle des prés l'abandonne ordinairement à la fin de la seconde année de semaille ; la luzerne, le sainfoin s'en emparent pour un temps beaucoup plus long ; ces différences, dans la longévité des plantes, dans l'époque de leurs semailles et de leur maturité, sont autant de ressources qui permettent d'échelonner les divers travaux et de les répartir sur plusieurs saisons, au profit de la culture du sol, de la marche générale de l'exploitation et de la bourse du cultivateur. Les vesces, les pois fauchés en vert, débarrassent la terre assez tôt pour qu'on puisse donner aisément au sol toutes les cultures dont il a besoin avant d'être ensemencé à l'automne en céréales d'hiver ; le colza, l'œillette, la navette sont dans le même cas ; ces plantes se laissent donc intercaler avec avantage entre deux grains d'hiver. Après les récoltes-racines dont l'arrachage s'effectue à l'arrière-saison, on a rarement le temps, sous un climat humide, de préparer le sol de manière à recevoir une semaille opportune de blé, de seigle ou d'orge; en revanche, ces récoltes constituent d'excellents précédents pour toutes les céréales de printemps.

Après un trèfle bien réussi, le terrain est parfaitement net de mauvaises herbes; on y sème souvent avec succès une céréale sur un seul labour. La récolte tardive du chanvre serait un obstacle à l'ensemencement du sol avant l'hiver, si l'admirable propreté des chènevières et leur haut point de fertilité et d'ameublissement ne permettaient de se contenter d'un seul coup de charrue pour le blé qui leur succède ordinairement. Toutes les plantes ne possèdent pas, comme le chanvre, la propriété de purger le sol des mauvaises herbes. Les céréales, par exemple, favorisent tellement leur multiplication, qu'il suffit de les semer deux fois de suite dans leur chaume pour être obligé ensuite de recourir à des récoltes qui exigent des cultures répétées pendant leur croissance, ou dont la végétation serrée étouffe toutes les herbes adventices. Le colza, les fèves, le maïs, les choux, les betteraves, les pommes de terre sont, parmi les récoltes sarclées, celles qu'on cultive le plus ordinairement dans le but de nettoyer le sol; ce résultat est également atteint avec les récoltes fauchées en vert, telles que vesces, pois, seigle, escourgeon, sarrasin; elles ont, sur les récoltes sarclées, l'avantage d'être moins épuisantes et de laisser la terre libre beaucoup plus tôt. Le trèfle ne nettoie bien le sol qu'autant qu'il a bien réussi; il forme alors un bon précédent pour les céréales. Sur un défriché de luzerne et de sainfoin, la propreté du sol ne laisse rien à désirer, on peut prendre avec avantage plusieurs récoltes consécutives de grains sans fumure et avec un petit nombre de labours; il y a ainsi une économie considérable d'engrais, de main-d'œuvre et de temps dont profite tout l'ensemble de l'exploitation.

Si le cultivateur était assez riche en engrais pour fumer, chaque année, toutes les récoltes, il n'aurait pas à se préoccuper des principes nutritifs que chaque plante laissera après elle aux végétaux qui doivent lui succéder; la table serait toujours dressée et chacun des convives serait assuré d'y trouver place. Mais, dans les circonstances ordinaires de la culture, on ne dispose pas de ressources aussi larges; l'engrais, presque toujours insuffisant, ne peut être dispensé qu'avec économie; on est souvent obligé de négliger telle pièce déjà améliorée pour porter ses soins sur telle autre plus faible; tous les sols, d'ailleurs, ne réclament pas la même dose d'engrais; certaines plantes le préfèrent sous un état de décomposition plus ou moins avancée; les unes, en outre, en absorbent une forte proportion, tandis que les autres en consomment fort peu : il faut tenir compte de ces différences dans la rotation des récoltes.

Par rapport à la nature du sol, on sait que les terres fortes demandent plutôt des fumures énergiques que des fumures fréquentes; on règle leur compte en une fois; les sols légers, au contraire, se trouvent mieux de fumures répétées quoique moins copieuses : c'est peu à peu qu'on leur distribue leur ration d'engrais.

Relativement à l'alimentation des végétaux, il est hors de doute que les plantes possèdent la faculté d'absorber, dans des proportions différentes, les éléments solubles renfermés dans le sol; par suite d'une sorte d'élection qu'elles exercent entre les matières nutritives, certains principes de fertilité se trouvent plus épuisés que d'autres : à ce point de vue, la rotation serait déjà indispensable pour savoir quelles sont les parties de l'engrais qui font défaut dans le sol; l'utilité de l'alternat des récoltes n'est pas moins nécessaire pour tirer tout le parti possible de la fertilité du terrain : celle-ci peut être trop grande pour certaines plantes qui seraient ainsi exposées à verser ou à donner plus de paille ou de feuilles que de grains. Les plantes engagées dans la rotation se prêtent ici un mutuel secours. Les unes prélèvent, à leur profit, l'excès de nourriture, les autres se trouvent, dès lors, réduites à la part qui leur convient le mieux; le colza, le pavot, le chanvre, le tabac, etc., confirment cette vérité; c'est en partie pour cette raison, en partie par suite de la propreté du sol et des cultures qu'on a pu donner après leur enlèvement, que ces plantes constituent d'excellents précédents pour les céréales.

Beaucoup de plantes comme le colza, le pavot, les vesces, les pois-fourrages, les récoltes-racines, s'arrangent volontiers d'un fumier frais

et forment ainsi d'excellentes têtes de rotation ;
d'autres, telles que le lin, le froment et surtout
l'orge, prospèrent mieux lorsqu'elles trouvent
dans le sol le fumier déjà désagrégé ; ces plantes
viennent donc très-bien à la suite des récoltes
qui leur préparent en quelque sorte l'engrais ;
certaines plantes enfin, plus rustiques, se contentent des détritus qui ne suffiraient pas à des
végétaux plus délicats ; l'avoine, en particulier,
jouit de cette propriété ; on en tire souvent parti
pour clore la rotation.

Ainsi, répartition des travaux, d'après la convenance des plantes, de manière à tirer le meilleur parti possible des forces dont on dispose ;
ameublissement et propreté du sol pour que les
plantes se développent complétement ; distribution des engrais en raison de la nature du sol et
des exigences de chaque plante, telles sont les
trois grandes lois générales qui commandent
toute rotation. Avec elles, la sympathie et l'an-
tipathie prétendues de certaines plantes pour
certains végétaux, et par suite la possibilité de
leur retour fréquent sur le même champ ou l'impossibilité de les y ramener tant que celui-ci se

souvient de les avoir portés, n'est qu'une pure hypothèse née d'observations locales et incomplètes. A part quelques faits exceptionnels encore mal étudiés, peut-être, dans toutes les circonstances qui les ont produits, la succession plus ou moins immédiate des plantes, leur retour plus ou moins éloigné sur le même sol s'expliquent naturellement par le degré de fertilité ou d'épuisement du sol, par l'alternat de labours profonds avec des labours superficiels, par la préparation plus ou moins complète, par sa netteté ou sa malpropreté qui permet ou ne permet pas à des plantes rivales de s'emparer du terrain au préjudice de la récolte, par les accidents d'une température contraire qui paralyse et cultures et fumiers, probablement enfin, par certains éléments spéciaux de nutrition dont le sol se trouve plus ou moins appauvri.

3. ASSOLEMENTS.

Obtenir des récoltes qui servent, à leur tour, à en créer de nouvelles, en d'autres termes, restituer à la terre en proportion de ce qu'on en exige, de manière à maintenir un juste équilibre entre toutes les parties de l'ensemble, tel est le but des assolements.

Bien que le choix d'un assolement dépende d'un grand nombre de considérations, dont les unes, inhérentes aux localités, les autres, spéciales au cultivateur, ne permettent pas de poser des règles absolues pour tous les cas, il est cependant des circonstances qui influent d'une manière générale sur la préférence à donner à tel ou tel assolement. Tels sont, notamment, l'étendue de l'exploitation, le morcellement des terres, la nature du sol et sa qualité, l'état des terres lors de l'entrée en jouissance, la présence ou l'absence de prairies naturelles, la nourriture du bétail à l'étable ou au pâturage, le prix du travail, les débouchés, la fortune du cultivateur : ces considérations importantes sont autant de raisons qui peuvent modifier un système de culture; il est donc essentiel de s'en pénétrer avant de prendre un parti définitif.

L'étendue de l'exploitation sépare en deux camps bien distincts la grande et la petite culture. Celle-ci, libre qu'elle est de son temps et de ses bras, ayant peu de déboursés à faire, peut, à la rigueur, cultiver toutes les plantes qui conviennent à son terrain, pourvu qu'elle lui donne l'engrais nécessaire et qu'elle le tienne pur de mauvaises herbes. Exécutant tout par elle-même, elle ne tient pas compte de l'augmentation de travail. Les plantes qui demandent le plus de façons sont celles qu'elle recherche de préférence, parce qu'elles lui donnent le plus de profit. Elle versera donc dans le commerce plus de denrées de luxe que d'objets de première nécessité, telles que du pain ou de la viande qu'on obtient sans grands frais de main-d'œuvre; le produit brut, pour elle, devient le but principal et un assolement libre est celui qui va le mieux à son allure indépendante du temps et de la main-d'œuvre.

La grande culture n'est pas aussi favorisée. Obligée à une économie sévère du temps et du travail, en raison même de l'étendue de l'exploitation, le produit brut n'est plus pour elle qu'une question secondaire, parfois même il est en sens inverse du bénéfice net, lorsque l'accroissement des produits résulte d'un surcroît de travail manuel : elle suivra donc une marche différente de celle de la petite culture. Chaque coup de pioche entraînant un salaire, les attelages et les instruments passeront avant la main-d'œuvre qui n'interviendra plus que pour parfaire ce que ceux-ci n'ont pas exécuté. La culture des grains, les fourrages, et, parmi eux, les fourrages à longue durée, l'emporteront sur toute autre récolte plus riche peut-être, commercialement parlant, mais aussi plus coûteuse. Le produit brut aura moins de valeur à ses yeux que le produit net ; elle sera souvent obligée de se renfermer dans un assolement d'autant plus fixe, que le domaine sera plus considérable, un assolement régulier pouvant seul se concilier avec les embarras d'un vaste faire valoir.

Entre ces deux extrêmes de la grande et de la petite culture, la moyenne culture tient le milieu ; aussi participe-t-elle des avantages et des inconvénients de l'une et de l'autre. La propriété qu'elle a de s'harmoniser avec les besoins de la consommation générale, sans exclure la production de luxe , lui laisse , d'une part, plus de latitude dans le choix de ses récoltes, et, de l'autre, lui fournit les moyens de soutenir les forces du sol avec ses propres ressources, ce que ne peut faire la petite culture. Elle peut, en outre, appeler à son aide le travail des attelages et celui de la main-d'œuvre , et , grâce à ce renfort dont la dépense se trouve plus que compensée par de riches produits , elle tire réellement du sol tout ce qu'on peut en attendre : sa marche progressive n'est arrêtée que par le terme même de la perfection : des assolements tour à tour réguliers, tour à tour libres, lui seront donc permis ; elle se guidera, avant tout, d'après sa propre convenance.

Le morcellement des terres est un des plus graves obstacles qu'on puisse rencontrer quand on veut s'écarter de la voie battue. Il est impossible, en effet, de s'éloigner de l'assolement général du pays lorsque l'exploitation se fractionne en pièces divisées et entremêlées avec celles de la commune. Ce n'est pas tout, il faut encore subir des servitudes onéreuses, par exemple, donner entrée au voisin si le champ n'aboutit pas à un chemin par une de ses extrémités, et, par suite, subir le passage de ses voitures ou de ses charrues ; des sacrifices d'argent n'affranchissent pas toujours de ces obligations ; force est donc, en pareil cas, de marcher comme les voisins, quelque vicieux que soit leur système de culture.

Il serait imprudent de soumettre à un même assolement des terres de natures très-différentes. Si l'on fait à peu près ce qu'on veut avec des engrais dans un sol léger, dans un sol tenace on ne fait que ce qu'on peut, même avec du fumier. Dans le premier, les récoltes sarclées viennent aisément à bout des mauvaises herbes ; dans le second, on ne pourra s'en rendre maître qu'au moyen de labours répétés, souvent même au prix d'une jachère complète. L'un se laisse travailler à peu près par tous les temps ; l'autre, tantôt trop humide, tantôt trop sec, veut être cultivé dans un moment donné : problème souvent difficile à résoudre dans la pratique. Un mauvais sol, en outre, ne se traite pas comme une bonne terre. Celle-ci n'a pas besoin d'autant d'engrais et donne de beaux rendements ; la seule précaution à prendre est de ne pas l'épuiser, tout en exigeant beaucoup d'elle. Dans un mauvais sol, ce n'est qu'à force de sacrifices qu'on obtient de belles récoltes, rarement y a-t-il profit d'élever de grandes prétentions à son égard; ce qu'il importe le plus, c'est de le ménager, de tâcher de l'améliorer et de savoir se contenter de ce qu'il peut donner : un assolement spécial pour chacun de ces terrains de nature et de qualités différentes sera rigoureusement nécessaire dans la plupart des cas, surtout avec une pénurie de fumier.

L'état des terres au moment de l'entrée en jouissance est ordinairement un temps difficile pour le cultivateur. Il n'arrive que trop souvent que le fermier sortant ait épuisé le sol en accumulant, sur la fin de son bail, les récoltes de grains les unes sur les autres; et comme, en même temps, il supprime les fumures, il ne laisse plus à son successeur que des terres ruinées et infestées de mauvaises herbes. Un tel état de choses ajourne nécessairement tout assolement définitif. La première opération à entreprendre est d'assainir le terrain s'il a été envahi par des eaux stagnantes ; la destruction des mauvaises herbes au moyen de la jachère, la production de fourrages et de paille, comme sources d'engrais, devront ensuite être poursuivies activement : dans cette situation, tout assolement fixe serait prématuré ; la prudence fait une loi de n'y songer que lorsque ces améliorations préliminaires auront été obtenues : on reculerait infailliblement en cherchant à aller trop vite ; d'ailleurs, comment aller au pas de course sans engrais ?

Pour le cultivateur qui prend possession d'un domaine, il n'est pas indifférent de trouver la nourriture de son bétail assurée ; de bons prés naturels sont alors de précieux auxiliaires. La pénurie de fourrages n'étant pas à craindre, on peut porter plus tôt ses forces sur d'autres produits lucratifs ; on peut surtout poser immédiatement les bases d'une agriculture vigoureuse, s'appuyant sur les fourrages artificiels et entrer ainsi, de plain-pied, dans la culture par assolement.

Que le bétail soit nourri exclusivement à l'étable, qu'il n'y reçoive qu'une partie de sa nourriture, ou qu'il soit entièrement nourri au pâturage, ce sont là autant de raisons qui motivent des systèmes différents de culture. Sans doute, l'alternat des récoltes s'allie bien avec la nourriture à l'étable, et de ce concours mutuel naît leur prospérité ; mais le système de nourriture exclusive à l'étable n'est pas toujours le plus profitable. Il ne convient pas, par exemple, dans les sols où la luzerne ne réussit pas ; il est sans importance là où l'on possède une grande étendue de prés non susceptibles d'être mis en culture ; il serait contraire aux intérêts du cultivateur, si celui-ci, placé près d'une grande ville, en tirait la plupart de ses engrais et trouvait un bon prix de sa paille et de son grain ; l'assolement triennal sans jachère et avec production de racines ou de fourrages annuels lui serait alors plus avantageux ; celui-ci produit plus de paille, l'autre donne plus de fourrages ; or l'on sait que le principal, sinon l'unique avantage de la nourriture à l'étable, consiste dans l'augmentation de fumier. Ces considérations méritent d'être sérieusement pesées dans le choix d'un assolement.

Le prix du travail est encore un élément à consulter. On n'a pas toujours à sa disposition

autant de bras que l'exploitation en exigerait ;
le prix des journées peut être tellement élevé,
qu'on soit obligé de renoncer à des cultures
avantageuses. L'élévation des salaires, dans cette
question, n'est pas le seul point à envisager, la
qualité du travail et la quantité qu'on en obtient,
dans un temps donné, sont encore à examiner :
probité, activité, habileté, sont autant de mérites
qui doublent la valeur des ouvriers.

Des marchés importants et un débouché constant et à proximité des produits de l'exploitation,
une bonne viabilité, des prix rémunérateurs
satisfaisants, placent le cultivateur dans une
excellente position ; malgré tous ces avantages
cependant, il n'en ferait pas moins de fausses spé-
culations s'il se lançait dans des productions sans
débit. Si donc il est loin de toute manufacture ou
d'un pays de fabrique, il devra renoncer à la culture des plantes commerciales, sous peine de
laisser la meilleure part de ses bénéfices entre les
mains des commissionnaires. Vit-il loin des marchés, n'a-t-il pour s'y rendre que de mauvais che-
mins, le climat sous lequel il exploite est-il défa-
vorable, etc. ? il devra approprier son système de

culture à sa position : rien ne lui serait plus funeste que de vouloir copier servilement des assolements combinés sur des circonstances plus heureuses.

L'assolement, enfin, doit se modifier suivant la capacité du cultivateur et ses ressources pécuniaires. Un grand domaine ne se gère pas comme un domaine restreint. Le premier exige une tête qui puisse faire face aux difficultés d'une grande administration, le second convient mieux à un esprit accoutumé à descendre dans des détails que ne comporte pas une exploitation étendue. Les conditions intellectuelles varient encore en raison du mode de culture; plus l'assolement sera compliqué, plus il nécessitera d'instruction et de capacité de la part du cultivateur. Tel, en effet, qui se tire habilement d'affaire avec l'assolement triennal, ne se soutiendrait pas avec l'assolement alterne. Les facultés intellectuelles elles-mêmes, toutes précieuses qu'elles soient, ne suffisent pas; elles resteraient stériles si elles ne s'appuyaient sur des ressources pécuniaires en rapport avec la nature de l'entreprise. On sait que l'assolement alterne

exige plus d'avances que l'assolement triennal.
Quel profit l'homme le plus éclairé retirerait-il
d'une culture basée sur les plantes commerciales, qui entraînent tant de frais de main-d'œuvre, s'il ne pouvait les supporter sans enrayer
la marche de son exploitation? Quel avantage
trouverait-il dans une forte proportion de récoltes fourragères, si, à l'impossibilité de les vendre en nature, se joignait encore celle de se
procurer le bétail nécessaire pour les consommer? Quels bénéfices espérer, si la récolte à
peine achevée, on était dans l'obligation de se
défaire immédiatement de ses produits, faute de
pouvoir attendre le moment le plus favorable
pour vendre? Comme première condition de
succès, il faut nécessairement que le cultivateur commande à sa position et non que celle-ci
le domine, sous peine, pour lui, de s'épuiser en
vains efforts. Entreprendre au-dessus de ses
forces, c'est faire acte de témérité, c'est s'exposer à n'exécuter que d'une manière incomplète
tout ce qui demanderait à être abordé résolùment
pour donner de bons résultats; c'est, en définitive, préparer sa ruine.

De ce qui précède, il résulte que le choix de l'assolement doit être mûrement médité. Ce n'est pas sans raison qu'on l'a considéré comme la pierre fondamentale de l'agriculture. Avec un bon assolement, la nourriture du bétail et la production du fumier sont assurées ; les forces dont on dispose sont parfaitement utilisées et l'amélioration du sol marche de front avec les produits lucratifs qu'on en retire. Toutefois, quelque grands que soient les avantages d'un assolement judicieux, il ne faut pas en brusquer l'introduction ; celui-là seul agit à coup sûr, qui ne se presse pas d'abandonner l'assolement du pays où il débute, mais prépare ses matériaux dans le silence de l'observation. Sans parler de la nécessité absolue de posséder, à fond, tous les secrets de la culture environnante et d'avoir su se concilier la confiance des voisins par des débuts marqués au coin de la prudence et couronnés par le succès, bien des causes peuvent retarder le passage d'un système vicieux à un meilleur assolement ; le temps qu'on a ainsi passé à observer autour de soi et à réfléchir n'est pas un temps perdu, c'est un des éléments de la réussite; quand l'heure d'innover est venue, on a neutralisé, en faisant preuve de sens et de savoir, les mauvais vouloirs environnants; on a imposé en quelque sorte la confiance autour de soi; on n'a plus à craindre l'incertitude et les mécomptes des tâtonnements; on a pour guide sa propre expérience, et elle marche en tête des améliorations qu'on veut introduire à l'aide d'un nouvel assolement.

En résumé, l'art des assolements consiste dans les principes généraux suivants :

1º Approprier les récoltes au climat, à la nature du sol et aux ressources dont on dispose;

2º Alterner les récoltes, de manière que celles qui précèdent préparent le succès de celles qui leur succéderont;

3º Entre deux récoltes épuisantes, placer une ou plusieurs récoltes améliorantes;

4º Remplacer les plantes qui salissent le terrain par des plantes qui l'ombragent fortement ou qui exigent des cultures répétées pendant leur végétation;

5º Semer les plantes fourragères seules dans une terre propre, bien travaillée et bien fumée, ou dans la céréale qui suit immédiatement la récolte sarclée et fumée ;

6° Réserver le fumier frais pour les récoltes binées ou fauchées en vert, au lieu de l'appliquer directement aux céréales ;

7° Proportionner les récoltes qui ne rendent rien au sol avec celles destinées à y retourner sous forme d'engrais ;

8° Établir les cultures de manière que le travail soit réparti, autant que possible, entre toutes les saisons, afin qu'entre chaque semaille on ait le temps de préparer convenablement le sol et qu'on puisse remplacer les récoltes qui viendraient à manquer ;

9° Enfin, faire de la production des engrais la base de son entreprise agricole ; l'établir sur d'autres fondements, quand on ne se trouve pas dans des circonstances tout exceptionnelles, c'est bâtir sur le sable, c'est marcher à l'encontre du bon sens, c'est préparer sa ruine.

FIN

TABLE DES MATIÈRES

FIN DE LA TABLE DES MATIÈRES

Coulommiers. — Typ. A. Moussin.

LIBRAIRIE HACHETTE ET CIE
BOULEVARD SAINT-GERMAIN, 79, A PARIS

LE JOURNAL DE LA JEUNESSE

NOUVEAU RECUEIL HEBDOMADAIRE

POUR LES ENFANTS DE 10 A 15 ANS

PUBLIÉ

PAR LA LIBRAIRIE HACHETTE ET CIE

Et très-richement illustré par les plus célèbres artistes.

PROSPECTUS

Ce nouveau recueil hebdomadaire est spécialement destiné aux jeunes gens et aux jeunes filles de dix à quinze ans.

Il forme, chaque semaine, une magnifique livraison de seize pages imprimées sur deux colonnes, contenant environ 1200 lignes de texte et de belles gravures d'après nos meilleurs artistes. La première partie est consacrée aux œuvres d'imagination, aux voyages; l'autre, à ces mille notions de science, d'art, d'industrie, qu'il est si utile de présenter à la jeunesse et qui l'intéressent d'autant plus, qu'elles lui sont présentées avec tout l'attrait de l'actualité.

Les trois premiers semestres du *Journal de la Jeunesse* forment trois magnifiques volumes in-8º, richement illustrés par les plus célèbres artistes.

Ces volumes sont les livres les plus attrayants et les plus instructifs que l'on puisse mettre entre les mains de la jeunesse. Il suffira de jeter un coup d'œil sur le rapide énoncé des principaux articles qui les composent pour se convaincre que le *Journal de la Jeunesse* a fidèlement observé le programme qu'il s'était proposé.

HISTOIRE NATURELLE, ZOOLOGIE, BOTANIQUE. — Le Cormoran, le Pélican, l'Amour maternel chez les oiseaux, par E. Menault; l'Hippopotame du Jardin zoologique, le Hamster, l'Autruche, le Bouquetin du Tyrol, les Invasions de sauterelles en Algérie, la Taupe, la Pêche du hareng, le Départ des hirondelles, l'Éléphant, le Calmar, par Th. Lally; un Perroquet centenaire, le Cresson, le Mégathérium, par H. Norval; le Jardinage de la jeunesse, par L. Châtenay; les Oiseaux gigantesques, par Marcel Devic; la Mer chez soi, l'Aquarium d'eau douce, par H. de la Blanchère; le Phylloxera, par Albert Lévy, etc.

ASTRONOMIE. — La Terre rencontrée par une comète, la Planète Vénus, l'Éclipse du 26 mai, Comment on mesure la distance du soleil à la terre, par A. Guillemin.

INVENTIONS, DÉCOUVERTES. — Les Bateaux à vapeur de la Manche, par A. Guillemin; les Dépêches microscopiques et les Pigeons voyageurs, Impressions de voyage en ballon, le Professeur Charles, par G. Tissandier; la Bouée de l'Espérance, par Ét. Leroux; un Nouvel appareil de sauvetage, le Pyrophone, par A. Lévy; un Fanal inextinguible, une Mine de gaz d'éclairage, les Omnibus, par P. Vincent; les Navires cuirassés, par Léon Renard; le Chemin de fer du Rigi, le Scaphandre, par H. Norval, etc.

CAUSERIES INDUSTRIELLES. — La Laine, le Coton, Thomas Highs ou le Métier à filer le chanvre, par Eug. Muller; Comment on obtient la glace dans l'Inde, par Louis Rousselet; Les Huiles de pétrole, par G. Tissandier; Comment se fait une aiguille, les Vendanges, Emploi de l'air comprimé, les Eaux de Paris, les Marbres de Carrare, par P. Vincent; les Bonbons, par H. Norval.

ACTUALITÉS, CONTEMPORAINS, VARIÉTÉS. — Les Inondations, par A. Guillemin; l'Incendie de Boston, par R. Cortambert; le Naufrage du *Northfleet*, la Famille Durand à l'Exposition de Vienne, par Eug. Muller; Découvertes au Forum. romain, par Fr. Wey; les Cyclones, par G. Tissandier; l'Exposition de Vienne, les Bohémiens, une Réception à Péking, par L. Rousselet; le Naufrage de l'*Atlantic*, le Tremblement de terre de San-Salvador, Horace Greeley, le Voyage du chah de Perse, par P. Vincent; l'Ouverture de la chasse, l'Exposition des races canines, par Th. Lally; les Funérailles d'un roi indien, Agassiz, Livingstone, Latour-d'Auvergne, Kaméhaméha V, par Ét. Leroux; l'Arc, par H. de la Blanchère; Paganini, Nélaton et Coste, par H. Norval, etc.

CONDITIONS ET MODE DE LA PUBLICATION

LE JOURNAL DE LA JEUNESSE paraît le samedi de chaque semaine à partir du 7 décembre 1872. Chaque numéro, imprimé sur deux colonnes par M. MARTINET, contient 16 pages

de texte et de gravures, et est protégé par une couverture. —
Le prix du numéro est de 40 centimes.

Chaque année de la publication forme deux beaux volumes
in-8° richement illustrés. Prix de chaque vol. : broché, 10 fr.,
cartonné en percaline rouge, tranches dorées, 13 fr.

PRIX DE L'ABONNEMENT

POUR PARIS ET LES DÉPARTEMENTS

Un an (2 volumes)............ 20 francs
Six mois (1 volume).......... 10 —

Les abonnements ne se prennent que pour un an ou six mois,
du 1ᵉʳ décembre et du 1ᵉʳ juin

ON S'ABONNE A PARIS

A la Librairie HACHETTE et Cⁱᵉ, boulevard Saint-Germain, 79

ET CHEZ TOUS LES LIBRAIRES DE LA FRANCE ET DE L'ÉTRANGER

PARIS. — IMPRIMERIE DE E. MARTINET, RUE MIGNON, 2

LITTÉRATURE POPULAIRE

EDITIONS A 1 FRANC 25 C. LE VOLUME, FORMAT IN-18 JÉSUS

Le cartonnage en percaline gaufrée se paye en sus 50 cent. par volume

Agassiz (M. et Mme) : *Voyage au Brésil*, 1 vol. avec une carte.

Aunet (Mme Léonie d') : *Voyage d'une femme au Spitzberg*. 1 vol.

Fadin (Ad.). *Duguay-Trouin*. 1 vol.
— *Jean Bart*. 1 vol.

Baines (Th.). *Voyage dans le Sud-Ouest de l'Afrique*. 1 vol.

Baker (S. W.) : *Le lac Albert*. Nouveau voyage aux sources du Nil, 1 vol.

Baldwin. *Du Natal au Zambèse*, 1865-1866. Récits de chasses. 1 vol.

Barrau (Th.-H.). *Conseils aux ouvriers sur les moyens d'améliorer leur condition*. 1 v.

Bernard (Fréd.). *Vie d'Oberlin*. 1 vol.

Bonnechose (Émile de). *Bertrand du Guesclin*, 1 vol.
— *Lazare Hoche*. 1 vol.

Burton (le capitaine) : *Voyages à la Mecque, aux grands lacs d'Afrique et chez les Mormons*. 1 vol. avec 3 cartes.

Calemard de la Fayette. *Lu Prime d'honneur*. 1 vol.
— *L'Agriculture progressive*. 1 vol.

Carraud (Mᵐᵉ Z.). *Une Servante d'autrefois*. 1 vol.

Charton (Ed.). *Histoires de trois enfants pauvres*. 1 vol.

Corne (H.). *Le Cardinal Mazarin*. 1 vol.
— *Le Cardinal de Richelieu*. 1 vol.

Corneille (Pierre). *Chefs-d'œuvre*. 1 vol.

Deherrypon (Martial). *La Boutique de la marchande de poissons*. 1 vol.

Delapalme. *Le Premier livre du citoyen*. 1 vol.

Duval (Jules). *Notre pays*. 1 vol.

Ernouf (Le baron). *Histoire de trois ouvriers français*. 1 vol.
— *Jacquard. Philippe de Girard*. 1 vol.
— *Denis Papin*. 1 vol.

Franck (A.) : *Morale pour tous ;* 2ᵉ édit. 1 volume.

Franklin. *Œuvres*, traduites de l'anglais et annotées par Ed. Laboulaye. 4 vol.

Guillemin (Amédée). *La Lune*. 1 vol. avec 2 grandes planches et 46 vignettes.
— *Le Soleil*. 1 vol. avec 58 figures.
— *La Lumière*. 1 vol. avec 71 figures.

Hauréau (B.). *Charlemagne et sa cour*. 1 v.

Hayes (Dr I.-I.) : *La mer libre du pôle*. 1 vol.

Hoefer (Dr) : *Les saisons*, études de la nature. 2 séries formant 2 vol. avec figures.
Chaque série se vend séparément.

Homère. *Les beautés de l'Iliade et de l'Odyssée*, traduction de M. Giguet. 1 v.

Jonveaux (Émile) : *Histoire de quatre ouvriers anglais* (Maudslay, Stephenson, W. Fairbairn, J. Nasmyth). 1 vol.
— *Histoire de trois potiers célèbres*. 1 vol.

Joinville (Le sire de). *Histoire de saint Louis*, texte rapproché du français moderne, par Natalis de Wailly. 1 vol.

Labouchère (Alf.). *Oberkampf*. 1 vol.

Lacombe (P.) : *Petite histoire du peuple français*. 1 vol.

La Fontaine. *Choix de fables*. 1 vol.

Lanoye (Fr. de) : *L'Inde contemporaine ;* 1 vol.

Le loyal serviteur : *Histoire du gentil seigneur de Bayart*, 1 vol.

Livingstone (Charles et David). *Explorations dans l'Afrique centrale et dans le bassin du Zambèse*. 1840-1860. 1 vol.

Mage (E) : *Voyage dans le Soudan occidental*. 1 vol. avec une carte.

Marcoy (P.) : *Scènes et paysages dans les Andes*. 2 vol.

Meunier (Mᵐᵉ H.). *Le Docteur au village*. Entretiens familiers sur l'hygiène. 1 v.
Entretiens sur la botanique. 1 vol.

Milton (le Vte) et le Dr W. B. **Cheadle**. *Voyage de l'Atlantique au Pacifique, à travers les montagnes Rocheuses*, 1 vol. avec cartes.

Molière. *Chefs-d'œuvre*. 2 vol.

Mouhot. *Voyages à Siam, dans le Cambodge et le Laos*. 1 vol.

Müller (Eug.). *La boutique du marchand de nouveautés*. 1 vol.

Palgrave (W. G.) : *Une année dans l'Arabie centrale*. 1 vol. avec carte.

Perron d'Arc : *Aventures d'un voyageur en Australie*. 1 vol.

Pfeiffer (Mᵐᵉ Ida). *Voyage autour du monde*, édition abrégée par J. Belin de Launay. 1 vol.

Poirson. *Guide-Manuel de l'Orphéoniste*. 1 vol.

Piotrowski (R.) : *Souvenirs d'un Sibérien*. 1 vol.

Racine (Jean). *Œuvres complètes*. 3 vol.
— *Chefs-d'œuvre*. 2 vol.

Reclus (E.) *Les phénomènes terrestres*. 2 vol. qui se vendent séparément :
  I. *Les continents*. 1 vol.
  II. *l'Océan, l'atmosphère*. 1 vol.

Rendu (Victor). *Principes d'agriculture*. 2 vol. avec vignettes.
Mœurs pittoresques des insectes. 1 vol.

Skakspeare. *Chefs-d'œuvre*. 3 vol.

Speke (Journal du capitaine John Hanning). *Découverte des sources du Nil*. 1 v.

Thévenin (Evariste). *Cours d'économie industrielle*. 7 vol.
— *Entretiens populaires*. 9 vol.
Chaque volume se vend séparément.

Vambéry (Arminius). *Voyages d'un faux derviche dans l'Asie centrale*. 1 vol.

Véron (E.). *Les Associations ouvrières en Allemagne, en Angleterre et en France*. 1 vol.

Wallon (de l'Institut). *Jeanne d'Arc*. 1 v. 1 fr.